ISBN 978-3-662-28124-6 ISBN 978-3-662-29632-5 (eBook)
DOI 10.1007/978-3-662-29632-5

Als Dissertation angenommen am 24. 11. 1941

Berichterstatter: Professor Dr. Alverdes

Tag der mündlichen Prüfung: 15. 12. 1941

Gedruckt mit Genehmigung der Fakultät.

Die Dissertation erscheint auch in der „Zeitschrift für vergleichende Physiologie" Band 29, 1942 S. 595 bis 637.

(Aus dem Zoologischen Institut der Universität Marburg a. d. Lahn.)

ÜBER DAS LERNVERMÖGEN BEI ASSELN [1].

Von

ALICE BOCK.

Mit 12 Textabbildungen.

(Eingegangen am 26. Februar 1942.)

Inhalt.

	Seite
I. Einleitung	595
II. Material und Methoden	596
III. Assoziationsversuche mit *Asellus*	596
1. Seitendressuren	596
a) Linksdressur	598
b) Rechtsdressur	605
2. Untergrunddressuren	607
1. Komb.: Rauh — Strafreiz und Glatt — strafreizfrei	607
2. Komb.: Gewellt — Strafreiz und Glatt — strafreizfrei	610
3. Komb.: Glatt — Strafreiz und Gewellt — strafreizfrei	614
4. Komb.: Geriffelt — Strafreiz und Glatt — strafreizfrei	614
5. Komb.: Glatt — Strafreiz und Geriffelt — strafreizfrei	616
6. und 7. Komb.: Gewellt — Strafreiz und Geriffelt — strafreizfrei sowie umgekehrt	618
IV. Assoziationsversuche mit *Porcellio*	619
1. Seitendressuren	619
a) Linksdressur	620
b) Rechtsdressur	626
2. Aufwärts- bzw. Abwärtsdressuren	629
a) Aufwärtsdressur	630
b) Abwärtsdressur	633
Zusammenfassung	636
Literatur	637

I. Einleitung.

Die Untersuchungen über das assoziative Gedächtnis der Crustaceen erstrecken sich bisher in der Hauptsache auf einige Dekapodenarten (s. HEMPELMANN). Es handelt sich hierbei in erster Linie um Krabben und Einsiedlerkrebse, bei denen zum Teil gute Ergebnisse erzielt wurden. Festsitzenden und schmarotzenden Crustaceen werden jedoch Gedächtnisleistungen auf Grund von Versuchen mit *Lernaea* und *Sacculina* abgesprochen. Andere Arten sind bisher noch nicht geprüft worden. Daher war es erwünscht, die Untersuchungen in dieser Richtung weiterzuführen [2].

---

[1] D 4.

[2] Herrn Prof. Dr. F. ALVERDES danke ich für die Anregung zu dieser Arbeit und die vielfache Hilfe, welche er mir während ihrer Durchführung zuteil werden ließ.

Enge des Raumes nicht möglich. Stieß das Tier bei seinem Lauf gegen jene Wand, welche den Querbalken des T nach außen hin begrenzte, so war es vor die Aufgabe gestellt, sich dort für ein links- oder rechtsseitiges Weiterlaufen zu entscheiden. Hatte es die eine Seite gewählt und einen Links- oder Rechtslauf durchgeführt, so wurde es durch die weitere Laufbahn zum Ausgangspunkt zurückgeleitet. Es galt, eine Ähnlichkeit dieses zweiten Teiles der Bahn mit dem T-förmigen Wege zu vermeiden, um eine Irreführung des Tieres und damit eine Beeinträchtigung des Dressurerfolges auszuschließen. Diese Schwierigkeit wurde vermieden durch Stumpfermachen jener Winkel und durch Abrunden jener Wände, welche sich auf dem zum Ausgangspunkt zurückführenden Wege befanden. Um ein Weiterlaufen des Tieres in die andere Hälfte der Schale zu verhindern, stellte ich eine gebogene Glaswand als Barriere so auf, daß das Tier, ohne fehlzulaufen, wieder an den Anfang des T-Weges zurückgeführt wurde. (Diese Wand mußte für die entgegengesetzte Dressur spiegelbildlich aufgestellt werden.) Der Untergrund wurde durch den glatten Boden des Gefäßes gebildet.

Bei dieser Versuchsapparatur stehen sich Vorteil und Nachteil gegenüber, doch scheint mir der Vorteil zu überwiegen. Er liegt darin, daß das Versuchstier zum Startort zurückgelangen konnte, ohne irgendwelchen störenden Reizen ausgesetzt zu sein. Als solche wären etwa das Herausheben oder gar Aufsaugen in eine Glasröhre nach erfolgtem Lauf zwecks Rücktransportes zu nennen. Das selbständige Zurücklaufen des Tieres aber birgt möglicherweise einen Nachteil in sich. Dieser würde darin bestehen,

Abb. 1. Wahlapparat für die Seitendressuren von *Asellus*; ——→ der dem Tier erlaubte Weg bei Linksdressur.

daß eine bereits vorhandene Seitentendenz durch die Bauart der Versuchsapparatur noch verstärkt würde. Denn nach jeder Seitenwahl hat das Tier den gleichen Drehungssinn beizubehalten, bis es wieder so weit gelaufen war, daß es sich von neuem für eine Seite entscheiden mußte. Inwieweit dieser Faktor bei der Dressur mitwirkte, wird sich schwer entscheiden lassen.

In das beschriebene Gefäß füllte ich Wasser aus dem Kulturglas, in dem das zur Dressur heranzuziehende Tier aufbewahrt wurde. Sonstiges Wasser wurde für die Versuche nicht verwendet, um eine längere Eingewöhnung des Tieres in die neue Umwelt zu vermeiden. Mittels eines Pinsels entnahm ich das Tier dem Kulturglas und setzte es in der Wahlapparatur an den Anfang des Weges. In dem Versuchsgefäß durfte sich nur so viel Wasser befinden, daß der Rücken des Tieres in einer Höhe von 3 mm mit Wasser bedeckt war; anderenfalls gingen die meisten Tiere zum Schwimmen über. Sie führten hierbei Drehungen des Körpers um die Längsachse aus, so daß sie bald die eine, bald die andere Seitenwand mit ihren Extremitäten berührten. Dann aber war ein Erfassen des Raumes für sie nicht mehr möglich und damit auch eine Dressur ausgeschlossen.

Vor der ersten Dressur beobachtete ich jedes Tier an drei (oder mehr) verschiedenen Tagen und ließ es jedesmal 25 Probeläufe ausführen. Bei einer Lokomotionsgeschwindigkeit von etwa 3 Läufen pro Minute wurden etwa 10 Min. für die genannten 25 Probeläufe benötigt. Dabei führte das Tier mit den Antennen ständig leichte Tastbewegungen aus und hielt während des Laufes oftmals Verbindung mit einer der beiden Seitenwände, indem es streckenweise an diesen mit dem Ende der betreffenden 2. Antenne entlang glitt. Es ließ sich also auf diese Art leiten. Hatte das Tier die Gabelungsstelle erreicht, so stutzte es hier während der ersten 3—4 Läufe. Der Kontakt mit den Seitenwänden hatte aufgehört, und die tastenden Antennen waren gegen die Querwand gestoßen. Sie stellte ein plötzliches Hindernis dar, und um diesem auszuweichen, suchten die Antennen und der inzwischen um ein Stückchen vorgerückte Teil des Körpers abwechselnd rechts und links nach einem Ausweg. Dann entschied sich das Tier für die eine oder andere Seite. Es lief in der gewählten Richtung weiter, und kehrte schließlich, geleitet durch die entsprechend aufgestellte gebogene Glasbarriere, an den Ausgangspunkt seines Weges zurück. Bald aber, etwa nach dem 4.—5. Lauf, war kein Stutzen mehr an der Weggabel zu bemerken, und die nur noch geringen Suchbewegungen der Antennen führten eine rasche Entscheidung für die rechte oder linke Seite herbei. Das Tier war offenbar sehr schnell mit seiner Umgebung vertraut geworden.

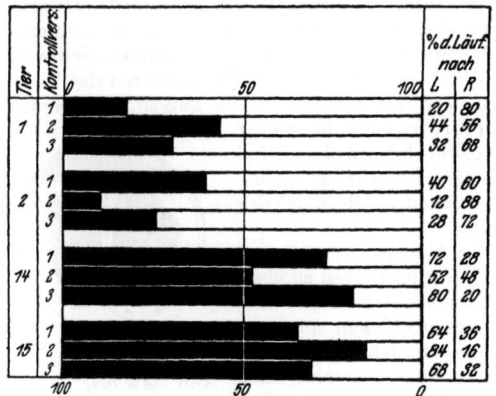

Abb. 2. *Asellus*. Vorherrschen einer Seitentendenz bei 4 Individuen während der ersten 3 Kontrollversuche. T_1 und T_2 rechtsläufig, T_{14} und T_{15} linksläufig. ▬▬ Läufe nach Links in %, ▭▭ Läufe nach Rechts in %.

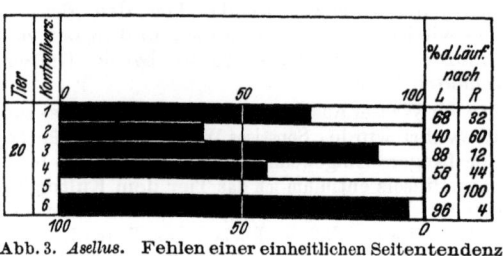

Abb. 3. *Asellus*. Fehlen einer einheitlichen Seitentendenz bei T_{20}. ▬▬ Läufe nach Links in %, ▭▭ Läufe nach Rechts in %.

Die an einem Tage zurückgelegten 25 Läufe faßte ich als einen Kontrollversuch zusammen. Es stellte sich heraus, daß die meisten Tiere an verschiedenen Tagen die gleiche Seite bevorzugten und sich nach ihr hin in einem gewissen Prozentsatz der Läufe häufiger bewegten als nach der entgegengesetzten Seite. Diese Tiere waren also entweder rechts- oder linksläufig.

Von insgesamt 20 Versuchstieren zeigten 6 Stück eine Linkstendenz und 11 Stück eine Rechtstendenz (Abb. 2), bei 3 Tieren (T_{12}, T_{13}, T_{20}) aber ließ sich eine Seitentendenz nicht feststellen. Bald wurde von ihnen die eine und bald die andere Seite häufiger aufgesucht (Abb. 3).

a) *Linksdressur*. Die auf diese Weise festgestellten rechtsläufigen Tiere unterzog ich einer Linksdressur, d. h. entgegen ihrer Tendenz einer Dressur auf die Vermeidung des rechten Schenkels.

Mit jedem Tier wurde an 3 hintereinanderfolgenden Tagen je eine solche Dressur durchgeführt, und zwar bei diffusem Tageslicht. Um nachzuprüfen, ob das

Versuchstier seine vorher gezeigte Rechtstendenz noch beibehalten hatte, ließ ich es etwa $^1/_2$ Stunde vor Beginn der Dressur nochmals 25mal durch den Wahlapparat laufen. Die am jeweiligen Dressurtage vorgenommenen Kontrollversuche zeigten, daß fast alle (nämlich 9) Tiere, ihren Rechtstrieb beibehalten hatten. Nur 2 Stück (T_7 und T_{11}) machten eine Ausnahme und wechselten die Vorliebe für eine bestimmte Seite (vgl. S. 605).

Die Dressur geschah folgendermaßen. Jedesmal, wenn ein Tier nach der von ihm bevorzugten rechten Seite hin einbog und die Hälfte des Körpers sich schon in dem verbotenen rechten Schenkel befand, strafte ich es mittels eines weichen, dünnen Pinsels, indem ich rasch die Antennen oder den Kopf berührte. Der Zeitpunkt, in dem dieser unbedingte Reiz aufzutreten hatte, mußte genau innegehalten werden. Nur etwa die Hälfte des Körpers durfte nach rechts gewandt sein, damit dem Tier ein Abbiegen nach der entgegengesetzten Seite leicht möglich war. Hätte sich das Tier bereits mit dem ganzen Körper auf der verbotenen Seite befunden, so wäre es durch den Strafreiz veranlaßt worden, diesem auf irgendeine sonstige Weise auszuweichen. Da es wegen der Enge des Raumes nicht umkehren konnte, wäre es — wie entsprechende Versuche gezeigt haben — an der senkrechten Wand hochgekrochen, um dann außerhalb des Wassers irgendwohin zu fliehen. Eine Erfassung des T-förmigen Ganges und eine Verknüpfung der beiden Reize ,,rechter Schenkel'' und ,,Strafreiz'' wäre hierbei unmöglich geworden. Bedingter und unbedingter Reiz mußten also in feststehender Zuordnung auftreten, um die Grundlage für die Bildung einer Assoziation abzugeben. Die Einwirkung der Strafreize zog eine Verminderung der Laufgeschwindigkeit nach sich, so daß in der Regel während der ersten Hälfte der Versuche nur noch 2 Läufe pro Minute ausgeführt wurden. Die Verlangsamung nahm in der zweiten Hälfte der Dressur zu, da die Tiere immer häufiger Ruhepausen einlegten. Dressuren von etwa 100 Läufen (vgl. Tabelle 1) erforderten eine Zeit von etwa $1^1/_2$—$1^3/_4$ Stunden. Dabei hing die Dauer jeder Dressur vom jeweiligen Verhalten der einzelnen Individuen ab. Je eher die Verlangsamung der Lokomotionsgeschwindigkeit auftrat, um so geringer wurde die Gesamtzahl der Dressurläufe. (Dies gilt auch für die unten darzustellende Rechtsdressur.) Bei der Wiedergabe der Dressurversuche wurden jeweils 10 Läufe als eine Laufgruppe zusammengefaßt.

Wurde die gewünschte Assoziation seitens der Versuchstiere gebildet, so ist die Dressur als ,,gelungen'' zu bezeichnen. Ließ sich dagegen ein Lernerfolg nicht feststellen, so wurde ein solcher Versuch ,,mißlungen'' genannt. Als letzte Gruppe steht diejenige der ,,gescheiterten'' Versuche, das sind jene, bei welchen es durch das Verhalten der Tiere unmöglich wurden, Dressuren auszuführen (vgl. S. 607). Bei der hier vorliegenden Linksdressur, welcher die 11 rechtsläufigen Tiere und 2 weitere Individuen (T_{12} und T_{13}, s. unten) unterzogen wurden, gelangen 7, mißlangen 4 und scheiterten 2 Versuche.

Wider Erwarten trat zu Beginn dieser Dressuren ein Verhalten ein, das einem Dressurerfolg vollkommen entgegengerichtet war. Es bestand in einer Bevorzugung der verbotenen Seite und hielt durchschnittlich bis zum 25.—35. Lauf an. Dieses Verhalten war bei allen 13 der Linksdressur unterzogenen Tieren zu beobachten und zeigte sich auch bei den Rechtsdressuren in entsprechender Weise. Es kann nur durch die Einwirkung des Strafreizes ausgelöst worden sein. Die Bevorzugung ging sogar so weit, daß die bei den Kontrollversuchen aufgetretenen Linkswendungen fast vollkommen unterblieben (Tabelle 1, Lauf 4—22).

Tabelle 1. *Asellus*. Verlauf der 1. Linksdressur von T_2.

Lauf-Nr.	Laufgruppe									
	1	2	3	4	5	6	7	8	9	10
1	:			:	=	:		:	■	
2					:	■		:		
3	:		=	=		■		:	=	
4					×	■	■		=	
5				■	■	■		:	×	
6			×	:	■	:	=	■	×	R
7			=		:	:	■	×		—
8				■		:	×			—
9			×	:	■	:	:	■		—
10			■			:	:	■		—
Erfolge	0	0	5	3	5	4	4	5	4	0

Leeres Feld: Abwendungen vom rechten Schenkel infolge Strafreiz.
: Wendungen zum linken Schenkel ohne Strafreiz und ohne deutliche Suchbewegungen.
Die 3 Stufen des Dressurerfolges:
= Suchbewegungen der Antennen an der Gabelstelle } mit nachfolgendem
× Schreckreaktionen am Beginn des rechten Schenkels } Strafreiz.
■ Spontane Abwendungen vom rechten Schenkel nach vorausgegangenen Suchbewegungen der Antennen.
R Ruhe.
— weitere Läufe fanden nicht statt.

Ein ähnliches Verhalten fand Diebschlag bei den mißlungenen Farbdressuren mit Fröschen. Er nennt diese Erscheinung eine „Dressur auf den Strafreiz". Diese Bezeichnung kennzeichnet auch das Wesen der bei *Asellus* beobachteten Erscheinung. Während jedoch die Frösche auf dieser Stufe der „unvollständige-Assoziation" (Diebschlag, S. 83) stehenblieben, ließ sich bei den Asseln eine weitere Ausbildung der Assoziation erzielen. Hiermit kann man vergleichen, daß Dilk, während er Planarien auf Vermeidung von Dunkel dressierte, eine vorübergehende Bevorzugung des bedingten Reizes beobachtete.

Die Asseln führten also während der ganzen genannten Zeit fast ausschließlich Rechtsläufe aus und erhielten deshalb jedesmal einen Strafreiz. Nach etwa insgesamt 25—35 Läufen aber begannen die Tiere, sich allmählich dressurgemäß zu verhalten, jedoch erfolgte die Bildung der Assoziation dann nur stufenweise.

Die erste Stufe eines Erfolges erblicke ich in der Änderung des Verhaltens gegenüber jener Stelle, an der die Gabelung des Weges liegt. Diese Änderung ist zurückzuführen auf die Wirkung des unbedingten Reizes und bestand in regen Suchbewegungen des Tieres, welche mit den

Antennen und dem Kopf ausgeführt wurden. Weil sich das Tier anschließend jedoch für den verbotenen Schenkel entschied, mußte die Bestrafung erfolgen (Tabelle 1, Zeichen =, Lauf 23, 27, 33 usw.). Zwar zeigten die Tiere zu Beginn der Kontrollversuche auch schon derartige Bewegungen, jedoch dienten diese nur zur erstmaligen Orientierung im gegebenen Raum. Dies geht daraus hervor, daß diese lebhaften orientierenden Tastbewegungen innerhalb der Kontrollversuche alsbald erheblich abgeschwächt wurden, wenn eine Orientierung des Tieres über die Gegebenheiten des Versuchsgefäßes erfolgt war. Sie lag nach etwa 4—6 Läufen vor, und in den darauf folgenden Läufen traten nur noch jene leichten Fühlerschläge auf, wie die Tiere sie beim gewöhnlichen Umherlaufen zeigen. Daß die verstärkten Suchbewegungen jetzt erneut auftraten, legt die Vermutung nahe, daß bereits eine — wenn auch lose — „intrazentrale" Verknüpfung der beiden Faktoren „Gabelungsstelle" und „Strafreiz" erfolgt war.

Als nächste Stufe der Assoziationsbildung kann das Verhalten gegenüber der vom Tier bisher bevorzugten rechten Seite angesehen werden. Derartiges war bei den nächsten Läufen zu beobachten (Tabelle 1, Zeichen × Lauf 26, 29 usw.). Tendenzbedingt entschied sich das Tier auch jetzt noch für die rechte Seite und bog deshalb nach rechts ein. Hier, in der 2. Phase der Assoziationsbildung, erfolgten aber auch schon ohne Bestrafung Schreckreaktionen, die in kurzem Zusammenzucken und geringem Zurückweichen des Tieren bestanden. Jedoch blieb das Tier dann mit seinem vorderen Körperteil noch so weit in dem rechten Laufschenkel, daß die Rechtswendung beibehalten wurde. Da sich nicht voraussehen ließ, ob das Tier sich vollends aus dem rechten Schenkel zurückziehen würde oder nicht, setzte ich in jenem Augenblick, in dem die Schreckreaktionen auftraten, noch keinen Strafreiz. Das Ausbleiben der Bestrafung ließ dann die Rechtstendenz wieder die Oberhand gewinnen, und das Tier begann, im rechten Schenkel weiter zu laufen. Sofort beim Einsetzen dieser Fortbewegung, und zwar noch, bevor sich der ganze Körper im rechten Schenkel befand, wurde gestraft. Hierdurch wurde das Tier zum Abbiegen nach links veranlaßt.

Die 3. und letzte Stufe des Lernens ist gekennzeichnet durch spontane Abwendungen von dem bisher durch Strafreize gesperrten Schenkel (Tabelle 1, Zeichen ■, Lauf 30, 35, 38 usw.). Auch hierbei gingen jedesmal Suchbewegungen der Antennen voraus. Kopf und vorderer Teil des Körpers führten Wendungen nach rechts und links aus, bevor sich die Tiere für die erlaubte Seite entschieden. Jedesmal, wenn sich dabei ein Tier zum rechten Schenkel hinwandte, führte es deutliche Schreckbewegungen aus, wonach es sich abwandte. Ruckartig bogen die Tiere hierbei nach links um und liefen dort weiter. Abwendungen vom verbotenen rechten Schenkel und Hinwendungen nach dem erlaubten linken Schenkel waren also zwei getrennte Verhaltensweisen, die man voneinander zu unterscheiden hat. Aus den Abwendungen ging hervor, daß die Tiere rechten Schenkel und Strafreiz assoziiert hatten.

Bei vorliegender Versuchsanordnung waren einerseits rechter Laufschenkel und Strafreiz, sowie andererseits linker Laufschenkel und Straflosigkeit miteinander gepaart. Nach Gelingen der Dressur vermied das Tier den rechten Schenkel und entschied sich für den linken. Man würde aber meines Erachtens zu weit gehen, wenn man deswegen schon behauptete, das Tier könne ganz allgemein Rechts und Links unterscheiden und habe sowohl Rechts-Strafreiz wie auch Links-Straflosigkeit assoziiert. Meiner Meinung nach kann man mit Sicherheit nur sagen, der Lernerfolg bestehe darin, daß das Tier den Strafreiz auf den rechten Schenkel lokalisierte. Bei dieser Deutung handelt es sich also nicht um die mehr abstrakte Richtung Rechts, sondern nur um den durchaus konkreten rechten Laufschenkel.

Hiermit stehen die Beobachtungen in Einklang, welche SCHARMER an *Lithobius forficatus* machte. Er fand, daß *Lithobius* wohl eine Assoziation bildete zwischen einem Reiz und der betreffenden Körperseite, auf der er gegeben wurde, aber das Vorhandensein der Fähigkeit einer Unterscheidung von Rechts und Links spricht SCHARMER dem Tier ab. Ich halte es für durchaus möglich, daß auch bei *Asellus* diese Fähigkeit fehlt.

Im übrigen ließ sich bei *Lithobius* durch eine Dressur weit weniger erreichen als bei *Asellus*. Dieser Unterschied beruht meines Erachtens auf artspezifischen Merkmalen. *Asellus* zeigt bei seiner Fortzubewegung eine weit geringere Geschwindigkeit als *Lithobius*, welcher sehr rasch umherläuft. Vielleicht wird *Lithobius* durch seine erheblich schnellere Fortbewegungsweise gehindert, im gleichen Maße wie *Asellus* zu lernen.

Als Beispiel einer Dressur mit *Asellus* sei der erste Dressurversuch mit T_3 wiedergegeben (Tabelle 1). Er stellt eine der besten der gesamten Linksdressuren dar. Zu Beginn der Dressur traten zwei Linksläufe auf, die mit der Dressur selbstverständlich noch nicht zusammenhingen (Zeichen **:**). Aber sie unterblieben, sowie bei Betreten des rechten Laufschenkels in diesem die Bestrafungen einsetzten. Im vorliegenden Beispiel gelang es erst während der 1. Hälfte der 3. Laufgruppe, und zwar beim 23. Lauf, eine Verhaltensänderung des Tieres zu erkennen, die auf den Beginn der Assoziationsbildung hindeutet. Hier führte das Tier erstmalig an der Gabelungsstelle Suchbewegungen mit den Antennen aus (Zeichen =).

Innerhalb der nächsten 7 Läufe des hier besprochenen Beispiels trat außer der 1. auch die 2. Stufe des Lernens auf (vgl. S. 600 u. 601), denn in 2 Fällen wurden Schreckbewegungen am Beginn des rechten Schenkels ausgeführt (Zeichen ✗), bis endlich beim 30. Lauf, also am Ende der 3. Laufgruppe, die 1. spontane, mit Suchbewegungen der Antennen verbundene Abwendungen vom rechten Schenkel erfolgte (Zeichen ■). Derartige Abwendungen ereigneten sich in steigendem Maße bis zur 6. Laufgruppe einschließlich und erreichten hier ihre größte Häufigkeit. Die 3 weiteren Laufgruppen zeigten eine Verminderung der Erfolgsziffer, und man kann diese Erscheinung auf eine zunehmende Ermüdung des Versuchstieres zurückführen. Als Anzeichen einer solchen läßt sich die Verlangsamung der Laufgeschwindigkeit auffassen. Außerdem mußten die Tiere des öfteren zur Vorwärtsbewegung angetrieben werden (vgl. S. 596). Wieder trat bei den Tieren eine starke Rechtsläufigkeit auf, die durch entsprechende Bestrafungen nicht beseitigt werden konnte (Tabelle 1, 9. Laufgruppe). Die Ermüdung verwischte anscheinend die Assoziation, und die Weiterführung der Dressur wurde dadurch zwecklos.

Außer den mit Sicherheit auf einen Dressurerfolg zurückzuführenden, von Suchbewegungen der Antennen begleiteten Abwendungen vom rechten Schenkel traten häufig einfache Wendungen nach dem linken Schenkel auf (Tabelle 1, Zeichen $\vdots$, Laufgruppe 4—8). Oft wurden sie in unmittelbarem Anschluß an die durch Lernen bedingten Abwendungen ausgeführt (Tabelle 1, Zeichen ■ bzw. = und X, Laufgruppe 4—7). Sie unterschieden sich von letzteren durch das Fehlen ausgesprochener Suchbewegungen. Die schwachen Bewegungen, die die Antennen während einer solchen Wendung ausführten, stellten nur normale Schläge dar, wie sie auch während der Kontrollversuche bei den späteren Läufen in Erscheinung traten.

Schwierig ist es, mit Sicherheit zu entscheiden, ob es sich bei diesen Hinwendungen (Zeichen $\vdots$) um Folgeerscheinungen der Assoziationsbildung handelt. Man könnte auch daran denken, daß eine gewisse Gewöhnung an die linke Seite vorläge oder daß es sich wenigstens gelegentlich um zufällige Entscheidungen für den linken Schenkel handelte, wie sie auch in der 1. Laufgruppe bei den Läufen 1 und 3 aufgetreten waren. Läge die erstgenannte Möglichkeit vor, dann wäre der Dressurerfolg so stark, daß das Tier ohne Suchbewegungen den erlaubten Weg einschlägt. Bei dieser Deutung würde die 6. Laufgruppe einen 100%igen Erfolg aufweisen. Für die als zweite genannte Möglichkeit wäre folgende Erklärung anzuführen. Hatte das Tier infolge der Dressur bei einem Lauf die Wahl für den linken Schenkel getroffen, so mußte es in der Versuchsapparatur notwendigerweise so lange Linkswendungen ausführen, bis es sich wieder an der Gabelungsstelle befand. Diese erzwungene Linksbewegung würde eine gewisse Gewöhnung hervorrufen, so daß das Tier manchmal deshalb wieder den Weg nach der linken Seite einschlägt. Die oben geschilderten Kontrollversuche liefern jedoch dafür keine sichere Stütze, daß derartige Gewöhnungen für das Verhalten der Tiere eine Rolle spielen (vgl. S. 597).

Mag nun aber die Deutung jener Entscheidungen für den linken Schenkel, bei denen ausgesprochene Suchbewegungen fehlten, unsicher sein, so lassen jene spontanen Abwendungen vom rechten Schenkel, denen solche Suchbewegungen vorausgingen, um so klarer einen Dressurerfolg erkennen. In manchen Fällen schlossen sich den Linksläufen, die ohne ausführlichere Suchbewegungen vonstatten gingen, Rechtsläufe an, die dann wieder eine Bestrafung erforderten (Tabelle 1, Lauf 32, 37, 40, 43 usw.). Es hat den Anschein, als schwächte sich während der ohne besondere Suchbewegungen ausgeführten Linkswendungen die Assoziation ab, wodurch auch die Rechtstendenz wieder Oberhand gewinnen würde. Die Bestrafungen aber brachten den Lernerfolg dann sehr bald wieder zum Vorschein. In Tabelle 1 ist für jede Laufgruppe die Zahl jener Läufe angegeben, die einen Dressurerfolg aufwiesen. Berücksichtigen wir allein die spontanen Abwendungen, so ist von Laufgruppe 3—6 ein ständiger zahlenmäßiger Anstieg zu erkennen, was auf eine zunehmende Festigung der Assoziation schließen läßt.

Tabelle 2. Ergebnis der gelungenen Linksdressuren von *Asellus*.

Tier	Dressur	Gesamtzahl der Dressurläufe	% der spontanen Abwendungen	% der gesamten Dressurerfolge	Durchschnittswert	Erfolg
1	2	100	15	28		
3	1 2 3	95 112 125	16,8 12,4 8,8	32,6 21,3 22,4	26,18	gut
9	1	130	10,4	26,6		
1	1 3	115 87	5,4 4,5	16,7 13,6		
2	1 3	125 105	6,8 5,7	20,0 15,2	14,61	mäßig
6	2 3	110 110	6,3 3,6	12,6 14,0		
9	2	117	4,3	10,2		
2	2	130	1,5	5,3		
6	1	110	0	5,4		
9	3	124	0,8	6,4	6,62	gering
12	1 2 3	90 90 90	3,3 0 2,2	7,7 8,9 8,9		
13	1 2 3	84 136 118	0 1,5 1,7	3,6 9,2 4,2		

Die Ergebnisse der gelungenen Dressuren sind in Tabelle 2 nebeneinandergestellt. In 3 Fällen (T_3, T_{12} und T_{13}) blieben die bei ein und demselben Individuum erzielten Ergebnisse auf der gleichen Stufe; denn bei T_3 war der Erfolg durchweg „gut" und bei T_{12} und T_{13} „gering". Bei T_1, T_2 und T_6 wechselten sie zwischen zwei einander benachbarten Stufen. Nur die Werte von T_9 liegen in 3 verschiedenen Leistungsstufen. In Tabelle 1 sind sämtliche Reaktionen, welche auf eine Assoziationsbildung schließen lassen, als „Dressurerfolge" zusammengefaßt. Hier sind sowohl die spontanen Abwendungen enthalten wie auch jene strafreizbedingten Abwendungen vom verbotenen rechten Schenkel, denen Such- bzw. Schreckbewegungen vorausgegangen waren (vgl. Tabelle 1, Zeichen ■ bzw. = und ✗). Nicht bei jeder Dressur waren die spontanen Abwendungen vorhanden. Sie fehlten bei 3 Dressuren aus der letzten Leistungsstufe gänzlich (T_6 1. Dressur, T_{12} 2. Dressur und T_{13} 1. Dressur). An erster Stelle (Erfolg „gut") stehen die Leistungen jener Tiere, deren Dressurerfolge durchschnittlich 26,18% der gesamten Dressurläufe erreichten. Als „mäßiger" bzw. „geringer" Erfolg werden jene Ergebnisse bezeichnet, deren Durchschnittswert bei 14,61 bzw. 6,62% liegt.

Eine eingehendere Besprechung erfordern noch die schon erwähnten Tiere T_{12}, T_{13} und T_{20}. Bei diesen ließ sich während der mit jedem Tier ausgeführten 6 Kontrollversuche eine Einheitlichkeit in der Bevorzugung eines bestimmten Schenkels nicht feststellen. Da eine gleichbleibende Seitentendenz nicht nachzuweisen war (Abb. 3 als Beispiel), standen die beiden Möglichkeiten offen, eine Dressur auf Vermeidung sowohl des rechten als auch des linken Laufschenkels zu versuchen.

Der zuerst angestellte Versuch, eine Vermeidung des linken Schenkels herbeizuführen, lieferte bei T_{12} und T_{13} das schon besprochene Ergebnis (Erfolg „gering"). Ich konnte die beiden Individuen nachträglich bei den rechtsläufigen einordnen, denn, wie auf S. 607 dargelegt werden soll, weckten die Strafreize vermutlich eine zuvor latente Rechtstendenz (s. dort auch die Besprechung der in Abb. 4 wiedergegebenen Kurven 1 und 2). Bei der Dressur auf Vermeidung des rechten Schenkels ließ sich erkennen, daß das Verhalten der Tiere durch Lernen bedingt war (vgl. Abb. 4, Kurven 3, 4, 5).

Bei T_{20} ließ sich ein Dressurerfolg nicht erzielen. Es lief stets nur gegen den Strafreiz an und blieb also im Lernen jedesmal sozusagen auf halbem Wege stehen und kam zu keiner Assoziationsbildung (vgl. S. 599).

In gleicher Weise verhielten sich die bereits oben (S. 599) genannten Tiere T_7 und T_{11}. Bei den der Dressur vorausgegangenen Kontrollversuchen hatten sie ein Schwanken bezüglich der Seitentendenz gezeigt. Die z. B. mit T_{11} ausgeführten 8 Kontrollversuche (welche, wie oben angegeben, aus je 25 Läufen bestanden) zeigten folgendes Bild: R R R L L R R R; T_7 verhielt sich ähnlich. Bei diesen beiden Tieren war auch kein Dressurerfolg zu verzeichnen. Sie reagierten wie T_{20} nur mit der Bevorzugung des verbotenen Schenkels. Ob ein derartiges Mißlingen der Dressuren mit der Labilität bezüglich der Seitentendenz in Verbindung steht, oder auf dem Fehlen eines Lernvermögens beruht, muß unentschieden bleiben.

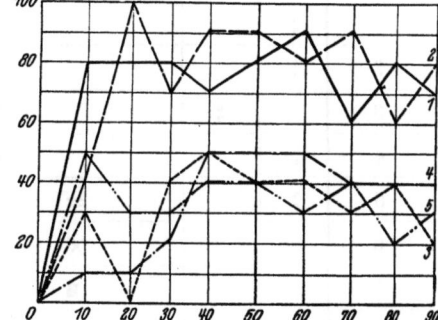

Abb. 4. *Asellus*. Verhalten von T_{12} während der Rechts- und Linksdressuren. Spontane Abwendungen vom verbotenen Schenkel, strafreizbedingte Abwendungen mit vorausgegangenen Such- bzw. Schreckbewegungen und strafreizfreie Hinwendungen zum erlaubten Schenkel wurden zusammengefaßt. Kurve 1 und 2 veranschaulichen zwei Rechtsdressuren. Sie zeigen ausschließlich die straffreien Hinwendungen zum erlaubten Schenkel an, da Abwendungen vom verbotenen nicht auftraten. Kurve 3, 4 und 5 stellen 3 Linksdressuren dar; in ihnen sind alle 4 genannten Reaktionen enthalten. Ordinate: Zahl der Wendungen nach Rechts bzw. Links. Abszisse: Dressurzeit in Minuten.

b) Rechtsdressur. Nach den im vorigen Abschnitt beschriebenen Linksdressuren mit den rechtsläufigen Tieren stellte ich entsprechende Dressurversuche mit den linksläufigen Tieren an.

Die Dressuren erfolgten also im Sinne folgender Kombination: linker Schenkel — Strafreiz, rechter Schenkel — strafreizfrei. Die Versuchsanordnung blieb dieselbe, nur mußte der als Barriere dienende Glasstreifen, welcher das Fehllaufen der Tiere verhindern sollte, spiegelbildlich aufgestellt werden. Er führte also das jetzt von rechts kommende Tier zum Anfang des Laufkanals hin und verhinderte das Weiterlaufen in das linke Feld. In der Dressurmethode war keine Änderung vorgenommen worden.

Der Verlauf dieser Dressuren, bei denen 4 gelungene 5 mißlungenen gegenüberstehen, entspricht durchaus demjenigen der Linksdressuren. Während der erfolgreichen Versuche traten ebenfalls die verschiedenen Stufen der Assoziationsbildung auf, wie sie schon bei der Linksdressur besprochen wurden. Tabelle 3 gibt eine der Tabelle 1 entsprechende Darstellung über das Ergebnis der 3. Dressur von T_{17}. Dieses Beispiel stellt (gleich dem in Tabelle 1 für die Linksdressuren wiedergegebenen) einen der besten Erfolge aller Rechtsdressuren dar. Allerdings sind die Ergebnisse der vorliegenden Rechtsdressuren geringer als die der Linksdressuren (Tabelle 4). Gute Erfolge, wie sie bei der Linksdressur auf-

Tabelle 3. *Asellus*. Verlauf der 3. Rechtsdressur von T_{17}.

Lauf-Nr.	Laufgruppe								
	1	2	3	4	5	6	7	8	9
1	:				=	:	■		
2	:				=	:	:		
3		:		:		=	×		:
4	:				×	=	■		:
5	:		=		=				
6				×	■	■	×		
7					■	■	:		:
8				:	■		■		
9					:				R
10						■			—
Erfolge	0	0	0	4	6	3	5	2	0

Leeres Feld: Abwendungen vom linken Schenkel infolge Strafreiz.
: Wendungen zum rechten Schenkel ohne Strafreiz und ohne deutliche Suchbewegungen.
Die 3 Stufen des Dressurerfolges:
= Suchbewegungen der Antennen an der Gabelstelle } mit nachfolgendem
× Schreckreaktionen am Beginn des linken Schenkels } Strafreiz.
■ Spontane Abwendungen vom linken Schenkel nach vorausgegangenen Suchbewegungen der Antennen.
R Ruhe.
— weitere Läufe fanden nicht statt.

Tabelle 4. Ergebnis der gelungenen Rechtsdressuren von *Asellus*.

Tier	Dressur	Gesamtzahl der Dressurläufe	% der spontanen Abwendungen	% der gesamten Dressurerfolge	Durchschnittswert	Erfolg
14	2 3	146 111	10,02 9,9	19,6 21,6		
17	2 3	128 89	7,1 10,01	15,7 20,1	17,33	mäßig
18	1 3	100 100	6 5	13 14		
14	1	97	4,1	9,3		
17	1	150	2	7,3	7,45	gering
18	2	120	2,5	5,8		
19	1 2 3	133 86 94	3,7 1,1 4,2	8,2 4,6 9,5		

traten, waren nicht zu verzeichnen. Der Wert für den maximalen Erfolg unter den Rechtsdressuren steht dem als „mäßig" bezeichneten Erfolgen unter den Linksdressuren sehr nahe. Die als „gering" bezeichneten Erfolge gleichen den ebenso genannten der vorigen Dressuren. Obwohl der bei den Rechtsdressuren gewonnene Gesamtwert denjenigen der Linksdressuren nicht erreicht, ist immerhin auch durch diese Dressuren bewiesen, daß die Tiere fähig sind, eine Assoziation zu bilden.

Bei 3 der 5 Tiere, welche keinen Dressurerfolg zeigten, ließ sich überhaupt kein Anzeichen für das Zustandekommen einer Verknüpfung von bedingtem Reiz (linker Schenkel) und unbedingtem Reiz (Strafreiz) erkennen. Zu diesen 3 Tieren gehört auch T_{20}, welches also weder auf eine Links- noch auf eine Rechtsdressur ansprach (vgl. S. 605). Bei den restlichen zwei Individuen, nämlich T_{12} und T_{13}, blieb in diesem Versuch ebenfalls ein Erfolg aus. Auf Grund des Versuchs einer Rechtsdressur erwies es sich jedoch als nötig, diese beiden Individuen nachträglich den rechtsläufigen Tieren zuzuordnen (vgl. S. 605). Denn bei ihnen lieferte die Dressur auf Vermeidung des linken Schenkels ein erstaunlich rasches Anwachsen der Rechtsläufe, d. h. der unbestraften Hinwendungen zum rechten Schenkel ohne deutliche Suchbewegungen der Antennen (vgl. Abb. 4, Kurven 1 und 2). Spontane Abwendungen vom linken Schenkel, welche auf einen Dressurerfolg zurückzuführen gewesen wären, traten gar nicht auf. Die plötzliche Vermehrung der Rechtsläufe ließ also darauf schließen, daß der Strafreiz lediglich eine bisher latent gebliebene Rechtsläufigkeit auslöste.

Bei den Links- und den Rechtsdressuren ließen sich insgesamt 11 Versuchstiere feststellen, welche bedingten und unbedingten Reiz zu verknüpfen vermochten. Bei 7 Tieren fehlte ein Dressurerfolg, und bei den restlichen 2 Individuen scheiterten sämtliche Dressuren, da diese Tiere stets ihren Weg außerhalb der Laufkanäle und zugleich außerhalb des Wassers an den senkrechten Wänden fortzusetzen suchten.

2. Untergrunddressuren.

Die Untergrunddressuren wurden in der Weise gehandhabt, daß den Tieren nebeneinander 2 verschiedene Strukturen der Lauffläche geboten wurden. Durch Einwirkung eines Strafreizes sollten die Tiere lernen, jeweilig einen dieser beiden Flächenabschnitte zu vermeiden. Es handelte sich dabei um andere Individuen als bei den Seitendressuren. Bei Kombination 1 wurden 18 Tiere herangezogen. Für Kombination 2 und alle darauf folgenden Untergrunddressuren wurden 15 neue Individuen verwendet.

1. Kombination: Rauh — Strafreiz und Glatt — strafreizfrei.

In der hier darzustellenden 1. Kombination sollte die rauhe Fläche infolge der Bestrafungen für die Tiere als verboten gelten. Jedoch konnte bei keinem der 18 in dieser Richtung untersuchten Tiere ein Dressurerfolg erzielt werden. Dieser Mißerfolg beruhte darauf, daß bei den Tieren von vornherein eine Bevorzugung von Rauh vorlag und daß diese Tendenz durch die Bestrafung noch verstärkt wurde. Trotz Fehlens eines Dressurerfolges bei dieser 1. Kombination muß auf sie ausführlicher eingegangen werden, weil sie allerlei sonstige wichtige Ergebnisse lieferte, die auch für die später zu schildernden, erfolgreichen Kombinationen von grundsätzlicher Bedeutung sind.

Die Versuchsanordnung war folgende: Der Boden einer Petrischale von 4 cm Durchmesser wurde zur Hälfte angerauht, während die andere Hälfte die glatte Struktur des Glases behielt. Die Rauhigkeit stellte ich her durch Bestreichen mit Kanadabalsam, auf den feiner Schmirgel von 0,5 mm Korngröße gestreut wurde. Der Rand der Schale blieb glatt, um das Hochkriechen des Tieres an diesem zu verhindern.

Von 2 Akkumulatoren mit zusammen 4 Volt Spannung wurde ein elektrischer Strom hergeleitet, welcher durch einen Induktor und dann zu der Versuchsschale geleitet wurde. Die eine Hälfte des angerauhten Teiles war mit der Anode die andere mit der Kathode verbunden. Jede Zuleitung spaltete sich kurz vor der Berührung mit der Schale in 3 Teile auf. Diese liefen am Innenrand der Schale in Abständen von 12—13 mm senkrecht bis an den Boden hinunter und berührten diesen mit ihren Enden. Der Strom konnte also über die gesamte angerauhte Fläche geschickt werden. Ein Taster ermöglichte ein plötzliches Einschalten des Stromes. Während der Dressuren wurde mittels einer Lampe diffus von oben her beleuchtet.

Jedes Tier wurde vor Beginn der Versuche bezüglich des Verhaltens gegenüber Rauh und Glatt einer Kontrolle unterzogen. Bei allen Tieren ergab sich eine Bevorzugung von Rauh, d. h. sie verweilten auf der angerauhten Fläche viel länger als auf der glatten und kamen auf ihr auch häufigen zur Ruhe. Der Wechsel von Glatt nach Rauh ging ohne weiteres vonstatten, da die Rauhigkeit den Extremitäten einen festen Halt bot. Dies war bei dem entgegengesetzten Wechsel nicht der Fall. Daher nahm dieser stets eine gewisse Zeit in Anspruch. Immerhin kamen doch einige Grenzüberschreitungen von Rauh nach Glatt zustande, etwa durchschnittlich 2 in der Minute.

Die Feststellung einer Vorliebe für den rauhen Untergrund veranlaßte mich zu dem Versuch einer Dressur auf Vermeidung von Rauh. (Die Durchführung einer Dressur auf Vermeidung von Glatt schien mir unangebracht, da es sich nur um eine Verstärkung einer ohnehin schon in hohem Maße vorhandenen Vermeidetendenz gehandelt hätte.)

Ich füllte die Versuchsschale etwa 6 mm hoch mit Wasser aus jenem Kulturglas, in dem das Tier aufbewahrt wurde, und setzte das Tier auf den glatten Untergrund. Sobald es beim Umherkriechen erstmalig die Grenzlinie von Glatt nach Rauh mit der Hälfte seines Körpers überschritten hatte, wurde es durch einen elektrischen Schlag gestraft. Das Tier lief infolgedessen ein Stück vorwärts, wechselte also zum rauhen Teil hinüber und eilte beschleunigt am Rande des Gefäßes entlang. Währenddessen ließ ich den Strafreiz noch einige Male einwirken, bis das Tier die Grenze nach Glatt erreicht hatte. Der Grenzübertritt nach Glatt erfolgte jetzt schneller als zuvor. Zu Beginn dieser Dressuren hätte man meinen können, das Verhalten der Tiere läge in Richtung eines Dressurerfolges. Denn nach 4 Überschreitungen der Grenze von Rauh nach Glatt kam das Tier auf dem glatten Teil für kurze Zeit, d. h. für etwa $1/2$—1 Min. zur Ruhe. Das war eine vollkommen neue, bei den vorangegangenen dressurfreien Beobachtungen fehlende Erscheinung.

Bei den weiteren Läufen hätte man schließen können, daß der Dressurerfolg bereits eingetreten sei, da nach etwa 7 Überschreitungen der Grenze von Glatt nach

Tabelle 5. *Asellus*. Erfolgloser Versuch einer Dressur gemäß der 1. Kombination der Untergrunddressuren (Vermeidung von Rauh).

Nr. des Wechsels	Richtung des Wechsels Gl R	Anzahl der Strafreize	Reaktion nach Überschreiten der Grenze	Nr. des Wechsels	Richtung des Wechsels Gl R	Anzahl der Strafreize	Reaktion nach Überschreiten der Grenze
1	→	7	Erregung, beschleunigte Lokomotion	18	←	0	Beschleunigung der Lokomotion
2	←	0	Fortdauer der Erregung	19	→	4	eiliges Laufen
3	→	8	wie 1.	20	←	0	wie 19
4	←	0	wie 2	21	→	9	kurzes Verharren trotz Strafreiz, dann wie 19
5	→	7	wie 1				
6	←	0	normale Lokomotion	22	←	0	wie 19
7	→	7	wie 1	23	→	6	wie 21
8	←	0	kurze Ruhe	24	←	0	stärkere Beschleunigung der Lokomotion
9	→	5	wie 1				
10	←	0	normale Lokomotion	25	→	16	ruckweises Vorwärtslaufen mit kurzen Ruhepausen
11	→	5	wie 1				
12	←	0	kurze Ruhe				
13	→	2	Umkehr!	26	←	0	wie 24
14	←	0	kurze Ruhe	27	→	18	ruckweise Lokomotion, zunächst nur kurze Ruhepausen, dann regungsloses Verharren, Betäubung
15	→	3	Umkehr!				
16	←	0	normale Lokomotion				
17	→	2	Umkehr!				

Rauh (also nach insgesamt 13 Grenzübertritten, vgl. Tabelle 5) bei den meisten Tieren (nämlich bei 12 Stück) nur noch etwa 2—5 Bestrafungen nötig waren, um sie zu veranlassen, sich umzuwenden und den glatten Untergrund auf dem kürzesten Wege aufzusuchen.

Jedoch schlug diese Art des Verhaltens sehr bald ins Gegenteil um. Nachdem der Versuch so weit fortgeschritten war, daß die Tiere schon auf den zweiten Strafreiz hin mit sofortiger Umkehr antworteten, erwachte innerhalb der darauf folgenden Zeit bei ihnen eine stärkere Vorliebe für Rauh, und der anscheinend erreichte Erfolg war nicht mehr nachzuweisen. Dies kam dadurch zum Ausdruck, daß die Bestrafungen jetzt plötzlich in immer mehr zunehmender Anzahl gegeben werden mußten, um die Tiere zu einem Grenzübertritt nach Glatt hin zu zwingen. Je länger der Versuch andauerte, umso stärker wurde die Tendenz für Rauh. Sie ging sogar so weit, daß die Tiere sich oft strafen ließen, ohne überhaupt eine Reaktion zu zeigen. Sie verharrten auf einer Stelle und antworteten auf die ständig in regelmäßigem Abstand einander folgenden Reize schließlich so, daß sie sich zusammenkrümmten und nach $1/2$ Min. betäubt umfielen. Diese Betäubung trat auch bei jenen Tieren ein, welche vorher keine Anzeichen für einen scheinbaren Erfolg erkennen ließen. In ihrem Aufbewahrungsgefäß erholten sich alle Tiere schon nach 5 Min.

Um zu untersuchen, ob die Stärke des Strafreizes die Schuld an dieser unerwünschten Reaktion trage, unterzog ich dieselben Tiere einige Tage später noch mehrere Male ähnlichen Versuchen. Die Versuchsanordnung blieb dieselbe, nur änderte ich durch Verschieben der Sekundärspule die Stromstärke bei jedem einzelnen Versuch und oftmals auch innerhalb der Versuche. Sämtliche Reaktionen blieben stets die gleichen, nur der Zeitpunkt ihres Eintretens, insbesondere der Betäubung, änderte sich entsprechend der Zunahme oder Abnahme der Spannung. Eine stärkere Spannung löste die Betäubung eher aus als eine schwächere.

Aus dem Verhalten der Tiere schloß ich, daß die Elektrizität ein ungeeigneter Strafreiz sei und ersetzte sie deshalb in neuen Versuchsreihen durch eine Berührung.

Hierzu benutzte ich den schon bei der Seitendressur angewandten dünnen, weichen Pinsel und strafte, indem ich ihn auf den Thorax des Tieres drückte. Zwar fielen bei dieser zweiten Art von Bestrafungen die Betäubungen der Tiere weg, doch war kein besserer Erfolg zu erzielen.

Es besteht nun die Frage, ob das scheinbar in Richtung eines Dressurerfolges gelegene Verhalten der Versuchstiere auf eine Assoziation der Faktoren Glatt und Straflosigkeit beruhte oder ob es nur auf die instinktive Flucht vor dem Strafreiz zurückzuführen war. Für eine Assoziation würde die Tatsache sprechen, daß die Tiere $1/2$—1 Min. lang auf dem glatten Untergrund zur Ruhe gekommen waren. Meines Erachtens müßte jedoch bei diesem Versuch eine Assoziation der Faktoren Glatt und Straflosigkeit unbedingt mit einer solchen der anderen beiden Faktoren Rauh und Strafreiz verbunden sein, sonst kann von einer vollständigen Assoziation und damit von einem Dressurerfolg nicht gesprochen werden. Ich vermißte aber den letztgenannten Anteil der Assoziation; denn es fehlten Schreckreaktionen an der Grenze beim Betreten von Rauh. Wäre bei den Tieren die Assoziation Rauh — Strafreiz zustande gekommen, so wären solche Schreckreaktionen aufgetreten, selbst wenn das Vorherrschen der Rauhtendenz dann doch ein Überschreiten der Grenze zur Folge gehabt hätte. Das Zurückwenden zum strafreizfreien Teil kann also nicht die Folge der Erfahrung sein, daß das Betreten des rauhen Teiles Strafreize nach sich zieht, sondern stellt nur eine jedesmalige Flucht vor dem Strafreiz dar. Ein Dressurerfolg war für die Tiere bei dieser Kombination also nicht zu erreichen.

Es ist wahrscheinlich, daß der Grund für dieses Ergebnis in dem Vorhandensein einer Tendenz für Rauh liegt, welche die bei den Seitendressuren beschriebene Seitentendenz an Stärke weit überragt, so daß sie sich im Gegensatz zu den dort erreichten Ergebnissen durch eine Dressur nicht überwinden läßt. Hier liegt eine Erscheinung vor, die mit der Lebensweise der Tiere unter natürlichen Umständen eng verknüpft ist (vgl. v. KAULBERSZ, S. 352) und deshalb einer Dressur entgegensteht.

Ein ähnlicher Fall trat bei DIEBSCHLAGs Versuchen mit *Astropecten* auf (S. 645). Hier wirkte auch eine ,,normale Untergrundtendenz'' einer Dressur entgegen. Es wurde Glatt gegenüber Gewellt vorgezogen, obwohl die Bestrafung auf dem glatten Untergrund erfolgte.

2. Kombination: Gewellt — Strafreiz und Glatt — strafreizfrei.

Bei der 1. Kombination erwies sich ein rauher Untergrund als ungeeignet, weil durch ihn eine natürliche Tendenz des Tieres gefördert wurde. Daher sollte in einer neuen Kombination Rauh durch eine andere Untergrundform ersetzt werden, für welche dies nicht zutraf. Als Gegensatz zu Glatt wurde jetzt ein gewellter Untergrund verwendet.

Dieser wurde gebildet durch eine Rohglasscheibe, deren Wellung aus 0,5 mm hohen und 2 mm voneinander entfernten Rippen bestand. Die Rippen verliefen parallel zur Grenzlinie. Die ungewellte Fläche und die Oberfläche der gewellten befanden sich in gleicher Höhe. Die Dressur wurde bei diffusem Dämmerungslicht ausgeführt, und als unbedingter Reiz diente wiederum die Berührung mit dem weichen Pinsel, welche auf den Thorax gegeben wurde. Der unbedingte Reiz mußte dem bedingten in einem bestimmten zeitlichen Abstand folgen, für welchen die jeweilige Geschwindigkeit des Tieres bestimmend war. Denn der unbedingte Reiz durfte erst dann gegeben werden, wenn das Tier sich vollkommen auf dem gewellten Untergrund befand und infolgedessen mit seinen Extremitäten die Unebenheiten des Bodens unter allen Umständen wahrnehmen mußte. Alle anderen Bedingungen glichen denen der 1. Kombination.

Diese neue Kombination wies gegenüber der voraufgegangenen zwei Vorteile auf. Obwohl die hier vorhandenen beiden Untergrundflächen sich durch ihr Profil unterschieden, war eine gewisse Gleichheit doch vorhanden. Das Glas hatte bei beiden Teilen eine glatte Oberfläche. Konnten die Tiere bei der 1. Kombination mit den Endgliedern ihrer Extremitäten sich an den Körnern der durch Schmirgel hergestellten Rauhigkeit festklammern, so bot ihnen hier die in beiden Fällen glatte Oberfläche des Glases keinen Halt. Der andere Vorteil lag darin, daß eine gleichmäßig gewellte Fläche zu den natürlichen Gegebenheiten der Umwelt der Tiere nicht gerechnet werden kann. Sie schloß somit angeborene Tendenzen der Tiere aus.

Während der den Dressuren stets vorangehenden Beobachtung war bei keinem Tier, solange es umherlief, eine Bevorzugung des gewellten Teiles zu bemerken, d. h. sämtliche Tiere verweilten während der Lokomotion gleich lange Zeit auf der einen wie auf der anderen Fläche. Sie liefen in diesem Versuchsgefäß etwas rascher vorwärts als in dem vorigen, wobei sie sich häufig, mit den Antennen die Wand berührend, am Rand des Gefäßes entlang bewegten. Ebenso oft aber führten sie Läufe quer durch das Versuchsgefäß aus. Die glatte Oberfläche der beiden Untergrundhälften schien ihnen Anreiz zum Laufen zu geben. Beim Hinüberwechseln von der ungewellten zur gewellten Fläche (und ebenso in umgekehrter Richtung) waren keine Besonderheiten im Verhalten der Tiere zu erkennen; durchschnittlich ließen sich 7 Grenzübertritte in der Minute zählen. Während einer Gesamtbeobachtungszeit von 15 Min. lagen die Werte für die ersten 5 Min. bei etwa 10—12 Grenzüberschreitungen, für die nächsten 5 Min. bei 6—8 und daraufhin nur noch bei 3—4 (Tabelle 6). Auf der einen und auf der anderen Fläche verweilten die Tiere beim Umherlaufen gleich lange. Für die Ruhe wählten sie den ungewellten Untergrund. Dies stellte sich heraus an Hand mehrerer Vorversuche,

Tabelle 6. *Asellus*. Anzahl der Grenzüberschreitungen eines Tieres während einer Beobachtungszeit von je 15 Min. bei einem straffreien Vorversuch und bei Beginn einer Dressur gemäß der 2. Kombination der Untergrunddressuren (Vermeidung von Gewellt).

Min.	Anzahl der Grenzüberschreitungen		Min.	Anzahl der Grenzüberschreitungen		Min.	Anzahl der Grenzüberschreitungen	
	vor	während		vor	während		vor	während
	der Dressur			der Dressur			der Dressur	
1	13	17	6	10	14	11	9	11
2	12	14	7	5	12	12	3	13
3	6	15	8	9	16	13	0	9
4	11	12	9	2	11	14	3	8
5	10	13	10	7	12	15	1	10
Durchschnitt	10,4	14,2		6,5	13		3,2	10,2

bei denen ich teils Massen- und teils Einzelbeobachtungen vornahm. So fand ich nach jeweilig einer Stunde, während der der Versuchsraum vollkommen verdunkelt war, die ruhenden Tiere auf der glatten Fläche und dem zu diesem Teil gehörigen Rand der Versuchsschale vor. Aber dieser Umstand wirkte während der Dressur nicht störend, da die Tiere sich dann lebhaft fortbewegten, teils durch den glatten Boden angeregt, teils durch die Strafreize dazu gezwungen.

Zu den Versuchen wurden 15 neue Tiere herangezogen, die auch zu den darauffolgenden Dressuren verwandt wurden. Mit jedem Tier führte ich zwei Dressuren gemäß der 2. Kombination im Abstand von 1 Tag durch. Die Dauer einer erfolgreichen Dressur betrug durchschnittlich $^5/_4$ Stunden; erfolglose Versuche wurden entweder früher oder später beendet. Durch die Einwirkung der Strafreize wurde anfänglich eine Beschleunigung der Lokomotion hervorgerufen, die wohl auf eine Erregung zurückzuführen ist. Infolgedessen stieg auch die Anzahl der Grenzüberschreitungen (Tabelle 6). Die Beschleunigung der Fortbewegung blieb während der ersten 10 Min. der Dressurzeit bei allen Tieren annähernd konstant, nahm jedoch dann langsam ab. Es macht sich hiermit ein Abklingen der Erregung bemerkbar. Von einer Gewöhnung an den unbedingten Reiz kann aber nicht die Rede sein, da die Tiere auf diesen nach wie vor mit fluchtartigem Vorwärtsschnellen antworteten. Fiel ein Strafreiz zu stark aus, so trat die Erregung erneut für etwa 2 Min. auf, klang aber bald wieder ab. Entsprechend zeigt Kurve 1 der Abb. 5 für T_4, das nicht zu lernen vermochte, einen kontinuierlichen Abfall, der infolge zu starker Strafreize an zwei Stellen unterbrochen wurde. Bei jenen Tieren aber, die zu lernen vermochten, ist infolge des Auftretens der Assoziation ein solcher kontinuierlicher Abfall der Kurve weniger deutlich ausgeprägt. Die Zahl der Grenzberührungen war während der Dressurzeit sehr schwankend. Die in Abb. 5 als Beispiel wiedergegebene Kurve 2 steigt oft sehr hoch, da hier die spontanen Abwendungen hinzukommen. Sie sind zwar auch Berührungen der Grenze, bilden jedoch keine Grenzüberschreitungen. Bei der vorliegenden kurvenmäßigen Darstellung ließ sich nur die Anzahl der Grenzberührungen wiedergeben. Gegen Ende der Dressurzeit legten die

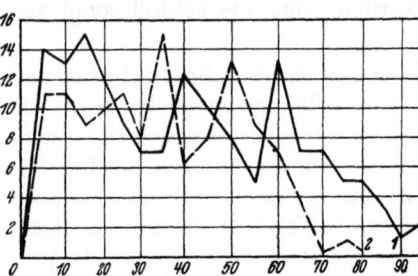

Abb. 5. *Asellus*. Verhalten zweier Tiere bei je einer Dressur gemäß der 2. Komb. Kurve 1: Anzahl der Grenzüberschreitungen von T_4 innerhalb einer erfolglosen Dressurzeit von 95 Min. Der kontinuierliche Abfall der Kurve wird unterbrochen durch zwei zu starke Strafreize. Kurve 2: Anzahl der Grenzberührungen von T_{10} innerhalb einer erfolgreichen Dressurzeit von 80 Min. Ordinate: Anzahl der Grenzüberschreitungen bzw. Grenzberührungen. Abszisse: Dressurzeit in Minuten.

Tiere des öfteren kurze Ruhepausen von 1—2 Min. auf der glatten Fläche ein, wahrscheinlich als Ausdruck zunehmender Ermüdung. Dann war es nötig, das Tier durch vorsichtiges Berühren des Abdomens wieder zum Laufen zu veranlassen.

Das Lernen geschah bei dieser Kombination nicht in einer Stufenfolge wie bei der Seitendressur. Die Verknüpfung des unbedingten mit dem bedingten Reiz äußerte sich durch eine Abwendung von der den bedingten Reiz darstellenden gewellten Fläche. Hatten nämlich die Tiere die Grenzlinie vollkommen überschritten, so kehrten sie im Falle des Wirksamwerdens der Assoziation rasch wieder um und liefen auf die glatte Fläche zurück, ohne durch Bestrafung dazu gezwungen zu werden. In noch stärkerem Maße kam das Vorhandensein einer Assoziation an der Grenzlinie dann zum Ausdruck, wenn die Tiere mehrmals nach der gewellten Fläche einbiegend sich doch

Tabelle 7. *Asellus*. 2. Kombination der Untergrunddressuren.

Nr.	Min.	T_5 Anzahl der bestraften Grenzüberschreitungen	T_5 Anzahl der spontanen Abwendungen	T_8 Anzahl der bestraften Grenzüberschreitungen	T_8 Anzahl der spontanen Abwendungen
1	3	8	1	12	0
2	3	10	4	9	3
3	3	6	9	2	0
4	3	4	2	5	7
5	3	8	0	3	5
6	3	3	7	10	2
7	3	2	5	8	3
8	3	7	2	11	0
9	3	4	2	4	1
10	3	6	0	8	1

Verhalten zweier Tiere innerhalb einer ungefähr je 30 Min. umfassenden erfolgreichen Dressurzeit. Die Tabelle beginnt mit dem ersten Auftreten der spontanen Abwendungen. Vorher wurde bei T_5 27 Min. lang, bei T_8 36 Min. lang dressiert.

stets wieder von ihr abwandten und auf der Grenze entlangliefen. In solchen Fällen konnten bei einem Lauf entlang der Grenze bis zu 5 Abwendungen gezählt werden. Zögerte das Tier bei einer Grenzberührung, so konnte der unbedingte Reiz oftmals durch eine kurze Erschütterung des Versuchstisches ersetzt werden, worauf die Assoziation wieder sichtbar wurde. Besondere Hervorhebung verdient, daß diese auf Erschütterung ausgeführte Abwendung von der verbotenen Fläche eine vollkommen neue Reaktion darstellt, da kein Tier vorher in dieser Weise auf eine Erschütterung geantwortet hatte. Erschütterungen des gesamten Versuchsgefäßes waren zuvor vollkommen unbeachtet geblieben und hatten nicht als Reizung gewirkt.

Von 15 zur Dressur herangezogenen Tieren ließ sich nur bei 4 Individuen eine Assoziationsbildung feststellen. Diese 4 Tiere lernten erst nach durchschnittlich $1/2$ stündiger Dressurdauer den verbotenen Untergrund zu meiden. Die Erfahrung bildete sich also im Vergleich zu den noch zu schildernden Untergrunddressuren erst spät heraus, zeigte aber bald zufriedenstellende Ergebnisse (Tabelle 7). Nach einer weiteren Dressurzeit von durchschnittlich 20—30 Min. waren jedoch keine spontanen Abwendungen mehr zu beobachten, und die Zahl der Grenzüberschreitungen sank stark ab, da sich die Laufgeschwindigkeit verringerte und das Tier Ruhepausen einzulegen begann. Auch diese Erscheinung läßt sich meines Erachtens auf eine Ermüdung des Tieres zurückführen, da ein ähnliches Verhalten schon bei den Seitendressuren aufgetreten war.

4 der genannten 15 Versuchstiere ließen durch die Ausbildung der Assoziation zwischen bedingtem und unbedingtem Reiz mit Sicherheit erkennen, daß sie die Fähigkeit besaßen, den gewellten von dem ebenen Untergrund zu unterscheiden. Die übrigen 11 Tiere zeigten keinen Dressurerfolg und reagierten auf die Strafreize nur mit Beschleunigung ihrer Laufgeschwindigkeit. Hier steht in Frage, ob den Tieren die Fähigkeit zur Bildung einer Assoziation überhaupt abging oder ob ihnen nur der Unterschied der beiden Untergrundformen nicht eindrucksvoll genug war. Auf diese Frage soll nochmals an Hand der 4. und 5. Kombination eingegangen werden. Daß der Dressurerfolg bei dieser und den nachfolgenden Kombinationen nicht durch eine Sensibilisierung (im Sinne von SGONINA) vorgetäuscht wurde, soll im Zusammenhang mit der 5. Kombination besprochen werden.

3. Kombination: Glatt — Strafreiz und Gewellt — strafreizfrei.

Diese Versuchsanordnung stellte die Umkehrung der voraufgegangenen dar. Im übrigen aber blieben alle Versuchsbedingungen dieselben.

Zu diesen Versuchen wurden die schon bei der 2. Kombination verwandten Tiere herangezogen. Es waren die gleichen 4 Individuen, die auch die neue Kombination zu assoziieren vermochten. Aber die Ergebnisse waren geringer als bei den vorigen Versuchen. Es war schwieriger, diese Tiere auf die Vermeidung von Glatt zu dressieren als auf die Vermeidung von Gewellt. Möglicherweise spielt hier eine schwache Untergrundtendenz mit hinein, wie sie schon bei der 2. Kombination zur Sprache gebracht wurde. Zwar zeigten die Tiere während der Lokomotion keine besondere Vorliebe für den einen Untergrund, doch äußerte sich durch Bevorzugung des glatten Teiles während der Ruhe eine leichte Tendenz für diese Fläche. Mit ihr muß gerechnet werden, wenn sie auch nur in ganz geringem Maße entwickelt war. Strafreize setzten sich daher leichter auf dem gewellten als auf dem glatten Untergrund durch. Entsprechend blieben die Erfolge der 3. Kombination unter denen der zweiten Abb. 6, (Kurve 1 und 2) gibt den Vergleich, der bei ein und demselben Tier (T_5) gemäß der 2. und 3. Kombination durchgeführten Dressuren. Durch die Kurven sind die spontanen Abwendungen von der jeweils verbotenen Zone dargestellt.

4. Kombination: Geriffelt — Strafreiz und Glatt — strafreizfrei.

Bei der 2. Kombination tauchte die Frage auf, welches der Grund für die geringe Anzahl der Erfolge wäre. Es bestanden hierfür 2 Möglichkeiten, nämlich das Fehlen des Lernvermögens oder des Unterscheidungsvermögens für die betreffenden beiden Untergrundformen. Um diese Frage zu entscheiden, wurde die gewellte Fläche durch eine geriffelte ersetzt, während der glatte Untergrund beibehalten wurde.

Bei der geriffelten Fläche handelte es sich ebenfalls um eine Glasplatte. Sie wies große Unebenheiten auf. Die Riffeln waren höckerartige Erhebungen von 0,5—1,5 mm Höhe und etwa 5 mm Breite und standen regellos nebeneinander. Einkerbungen und strahlenförmig verlaufende ungleich tiefe und lange Rillen durchfurchten diese Höcker. Die gesamte Fläche war also völlig unregelmäßig gestaltet. Geriffelter und glatter Untergrund waren sich mithin recht unähnlich. Im übrigen wurden die Dressuren unter den gleichen Bedingungen wie bei der 2. und 3. Kombination durchgeführt.

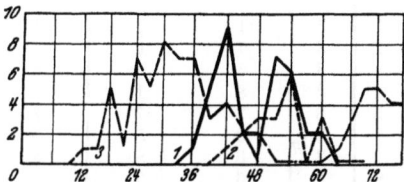

Abb. 6. *Asellus*. Ergebnisse dreier Dressuren von T_s bei der 2., 3. und 4. Komb. Kurve 1: 2. Komb. Kurve 2: 3. Komb. Kurve 3: 4. Komb. Ordinate: Anzahl der spontanen Abwendungen. Abszisse: Dressurzeit in Minuten.

Auch hier ging der Dressur eine längere Beobachtung voraus. Die Tiere zeigten während des Umherkriechens ebenfalls eine Indifferenz gegenüber der Verschiedenheit der Untergründe. In der Ruhe war die Bevorzugung der glatten Fläche oder des Randes der Versuchsschale in gleicher Weise vorhanden wie bei der Gegenüberstellung von Gewellt und Glatt.

Die Dressurergebnisse, welche mit den 15 bereits zweimal verwandten Tieren erzielt wurden, fielen weit günstiger aus als bei der 2. und 3. Kombination. 9 Individuen reagierten infolge der Dressur mit spontanen Abwendungen von der geriffelten Fläche. In dieser Zahl waren nicht nur jene 4 Tiere enthalten, die bereits ihre Lernfähigkeit bewiesen hatten, sondern auch noch 5 weitere. Bei den übrigen 6 Tieren verlief die Dressur auch diesmal erfolglos (vgl. Tabelle 10).

Der Zeitpunkt des Auftretens des ersten Dressurerfolges lag hier viel früher als bei der 2. Kombination (Abb. 6). Trat er dort erst nach einer Dressurzeit von etwa 30 Min. ein (Kurve 1), so war er hier durchschnittlich schon innerhalb von 15 Min. vorhanden (Kurve 3). Die betreffenden Zeitpunkte lagen bei den gesamten gemäß der 4. Kombination erfolgreich dressierten Tieren zwischen 8 und 21 Min. Diese Reaktionen hielten etwa 30—40 Min. an (Tabelle 8). Gegen Ende dieser Zeit nahm die Zahl der spontanen Abwendungen sowie überhaupt die der Läufe ab. Wurde während 5—10 Min. nach den genannten 30—40 Min. nicht mehr gestraft, so bewegten die Tiere sich nur noch äußerst langsam vorwärts oder blieben völlig regungslos auf der ebenen Fläche sitzen. Währenddessen ging die Assoziation stark zurück, jedoch nicht verloren. Das Maximum für eine solche Ruhezeit, nach deren Verlauf noch ein Erfolg feststellbar war, lag bei 15 Min. Bei noch länger anhaltendem Ausbleiben der Bestrafungen war das Gelernte vergessen.

Tabelle 8. *Asellus*. 4. Kombination der Untergrunddressuren.

Nr.	Min.	T_5		T_8	
		Anzahl der		Anzahl der	
		bestraften Grenzüberschreitungen	spontanen Abwendungen	bestraften Grenzüberschreitungen	spontanen Abwendungen
1	3	11	1	4	2
2	3	7	1	4	2
3	3	5	5	6	5
4	3	8	1	10	4
5	3	3	7	3	3
6	3	9	5	5	7
7	3	6	8	8	4
8	3	6	7	7	0
9	3	4	7	3	5
10	3	8	3	5	2
11	3	5	4	6	3
12	3	5	2	8	1
13	3	7	2	10	0
14	3	8	0	8	1

Verhalten der bereits in Tabelle 7 miteinander verglichenen Tiere T_5 und T_8. Die Tabelle beginnt mit dem ersten Auftreten der spontanen Abwendungen. Vorher wurde bei T_5 12 Min. lang, bei T_8 19 Min. lang dressiert.

Tabelle 9. *Asellus*. Verhalten von T_6 während eines dressurlosen Vorversuchs und einer Dressur gemäß der 5. Kombination der Untergrunddressuren.

Min.	Anzahl der Grenzberührungen während der		Anzahl der	
	dressurlosen Beobachtungszeit	Dressur	spontanen Abwendungen	Bestrafungen
			während der Dressur	
1	8	12	2	5
2	7	12	4	4
3	10	17	3	7
4	6	18	4	7
5	7	20	4	8
6	6	21	5	8
7	9	21	3	9
8	10	25	1	12
9	8	22	0	11
10	5	24	0	12

Die Tatsache, daß gegenüber der 2. Kombination noch 5 weitere Tiere auf die Dressurreize ansprachen, zeigt, daß an dem geringen bei jener Kombination erzielten Erfolg nicht das Fehlen der Lernfähigkeit schuld hatte. Weiteres hierüber bei Besprechung der 5. Kombination.

5. *Kombination:*
Glatt — Strafreiz und Geriffelt—strafreizfrei.

Vorliegende Dressur, bei welcher die Versuchstiere wiederum die gleichen blieben, hatte entgegen aller Erwartung sehr rasch ein günstiges Ergebnis zur Folge. Obwohl hier eine geringfügige Tendenz (nämlich die Bevorzugung von Glatt während der Ruhe) den Dressurerfolg hatte beeinträchtigen können, kam bei 3 Versuchstieren (T_6, T_9, T_{12}) eine Assoziationsbildung mit einer vorher noch nicht erreichten Schnelligkeit zustande (Tabelle 9). T_6 hatte bereits bei der 4. Kombination, T_9 und T_{10} hatten bei der 2.—4. Kombination einen Lernerfolg gezeigt. Bei der vorliegenden 5. Kombination erfolgte die erste spontane Umkehr bereits nach 4—9 strafreizbedingten Abwendungen von dem verbotenen Untergrund, also noch innerhalb der ersten Minute. Die Zahl dieser Reaktionen wuchs in den darauf folgenden Minuten rasch an, wobei sie in annähernd proportionalem Verhältnis zu der wachsenden Anzahl von Grenzberührungen stand. Die Laufgeschwindigkeit erhöhte sich bei den genannten Tieren mit Einsetzen der Strafreize auffallend. Dies ist vielleicht als Ausdruck einer besonderen Erregung dieser Individuen aufzufassen. Jedoch erfuhr dieses Verhalten bereits nach 5—10 Min. eine Änderung (Abb. 7, Kurve 1). Plötzlich war kein Dressurerfolg mehr festzustellen, und Abwendungen erfolgten nur bei Bestrafung. Setzten die Reizungen aus, so kamen die Tiere sehr bald auch auf dem verbotenen Untergrund zur Ruhe, was ihrer vorher gezeigten Tendenz widersprach. Irgendwelche Anzeichen, die den Grund für diese plötzliche Assoziationsbildung und deren ebenso rasche Abnahme erkennen lassen, konnten nicht beobachtet werden.

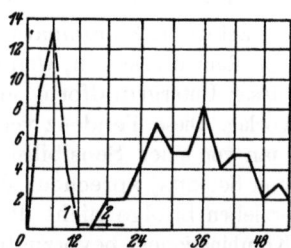

Abb. 7. *Asellus*. Vergleich der Dressurerfolge zweier Tiere bei Komb. 5 der Untergrunddressuren. Kurve 1: Rasch eintretende Assoziationsbildung und deren ebenso schnelles Abklingen (T_6). Kurve 2: Normal lernendes Tier (T_8). Abszisse: Dressurzeit in Minuten. Ordinate: Anzahl der spontanen Abwendungen.

Bei 4 der übrigen Tiere trat der Dressurerfolg erst nach durchschnittlich 12 Min. ein und hielt 30—40 Min. an (Abb. 7, Kurve 2), was den bei den früheren Kombinationen erzielten Ergebnissen entspricht. Die Lokomotionsgeschwindigkeit wurde bei diesen Tieren nicht gesteigert. Die Zahl der Grenzüberschreitungen während der Dressur stimmte also mit derjenigen während der dressurfreien Beobachtungszeit überein. 2 Tiere (T_7 und T_{13}) zeigten bei dieser Kombination erstmalig ihre Lernfähigkeit. Die erste spontane Abwendung erfolgte bei diesen beiden Tieren außerordentlich spät, und zwar erst nach 24 und 35 Min. Der Erfolg hielt etwa 20 Min. an.

Tabelle 10. *Asellus*. Übersicht über das Verhalten der Tiere 1—15 bei den Dressurversuchen der Kombinationen 2—5.

Komb.	T_1	T_2	T_3	T_4	T_5	T_6	T_7	T_8	T_9	T_{10}	T_{11}	T_{12}	T_{13}	T_{14}	T_{15}
2				+		+	+	+							
3				+		+	+	+							
4	+	+		+	+		+	+						+	+
5	+	+		+	+	+	+	+	+				+		

+ Dressur gelungen.

Tabelle 10 zeigt, daß 4 Tiere durchgehend von der 2. bis zur 5. Kombination zu lernen vermochten, während 7 weitere Tiere zwar nicht bei der 2. und 3. Kombination, wohl aber bei der 4. oder 5. oder bei diesen beiden lernten. Damit läßt sich die bei Besprechung der 2. Kombination zum Schluß aufgeworfene Frage folgendermaßen beantworten. Jene Tiere, die bei der 2. und 3. Kombination einen Dressurerfolg vermissen ließen, bei der 4. bzw. 5. jedoch einen solchen zeigten, verfügten also mit Sicherheit über die Fähigkeit zur Assoziationsbildung. Nur bezüglich jener 4 Tiere, die bei keiner Kombination zu lernen vermochten, muß die Frage nach der Lernfähigkeit offen bleiben.

Bei der 1. Kombination ließen sich die Tiere nicht auf Vermeidung von Rauh dressieren, weil von vornherein eine Tendenz zur Bevorzugung dieser Untergrundform und entsprechend zur Vermeidung von Glatt vorlag. Diese Tendenz verstärkte sich infolge der Strafreize; hier könnte man von einer Sensibilisierung durch die unbedingten Reize (im Sinne von SGONINA) sprechen. Jedoch wurden die bei der 2.—5. Kombination erzielten Erfolge nicht durch Sensibilisierung vorgetäuscht. Bei diesen Kombinationen bevorzugten die Tiere zwar nicht während des Umherlaufens, wohl aber während der Ruhe Glatt zuungunsten von Gewellt bzw. Geriffelt. Also wurde bei der 3. und 5. Kombination entgegen einer (wenn auch schwachen) Tendenz dressiert, denn hier sollte Glatt vermieden werden.

4 von insgesamt 15 Versuchstieren lernten bei jeder der genannten 4 Kombinationen (Tabelle 10). Zur Erklärung dieses Ergebnisses läßt sich eine Sensibilisierung nicht heranziehen; denn sie kann unmöglich bewirken, daß die Tiere jedesmal dem Dressurziel entsprechend bald die eine, bald die andere Untergrundform meiden. 3 weitere Tiere lernten sowohl bei der 4. wie bei der 5. Kombination; für sie gilt das gleiche. Aber auch die restlichen 4 Tiere, welche bei nur je einer Kombination gelernt hatten, kann man für diese Beweisführung heranziehen, denn 2 von ihnen zeigten bei der 4. und die 2 übrigen bei der 5. Kombination einen Dressurerfolg. Man muß es zum mindesten als höchst unwahrscheinlich bezeichnen, daß die einen Tiere im einen und die anderen Tiere im anderen Sinne sensibilisiert worden wären, und zwar immer gerade gemäß dem Dressurziel. Keinen Dressurerfolg, zugleich aber auch keine Sensibilisierung zeigten bei der 2. und 3. Kombination 11 Tiere und bei der 4. und 5. Kombination je 6 Tiere. Irgendein Anzeichen, daß die Tiere bei der 2.—5. Kombination durch die Strafreize für eine der Untergrundarten sensibilisiert worden wären, besteht also nicht.

6. und 7. Kombination: Gewellt — Strafreiz und Geriffelt — strafreizfrei sowie umgekehrt.

Bei der 2. und 5. Kombination war eine der beiden Untergrundarten Glatt. Hier ließ sich stets bei einer Anzahl von Tieren ein Dressurerfolg erzielen. Dies war jedoch bei der gleichzeitigen Darbietung eines gewellten und eines geriffelten Untergrundes nicht möglich.

Alle 15 Tiere antworteten immer nur infolge der Strafreize mit einer Abwendung von dem verbotenen Untergrund. Aus der Erhöhung der Laufgeschwindigkeit konnte man bei ihnen auf eine Erregung schließen. Das Mißlingen dieser Dressuren erklärt sich zweifellos daraus, daß der Unterschied zwischen einem gewellten und einem geriffelten Untergrund den Tieren nicht eindrucksvoll genug war; unter natürlichen Umständen wird er auch wohl kaum je eine Rolle spielen.

IV. Assoziationsversuche mit Porcellio.
1. Seitendressuren.

Wie mit *Asellus aquaticus* wurden auch mit *Porcellio scaber* Seitendressuren durchgeführt.

Der T-förmige Wahlapparat, der hier verwendet wurde, bestand aus einem 6 cm langen Startkanal und den beiden 4 cm langen Seitenkanälen. In diesem Wahlapparat wurde die Breite der Lauffläche jeweilig derjenigen der Versuchstiere angepaßt, indem die Seitenwände der Kanäle enger zusammen bzw. weiter auseinandergeschoben wurden. Die Breite der Tiere betrug 6—9 mm bei einer Länge von 13—17 mm. Um den Tieren die Fortbewegung zu erleichtern, wurde der Boden der Laufkanäle mit feuchtem Fließpapier ausgelegt. Zum Erteilen der Strafreize diente wiederum ein Pinsel. Der Rücktransport der Versuchstiere vom Ende des Laufweges zum Startpunkt geschah rasch und ohne irgendwelche Behelligung der Tiere.

Die Lokomotionsgeschwindigkeit von *Porcellio* war größer als die des wasserlebenden *Asellus*. So führten die Tiere im allgemeinen 5—6 Läufe pro Minute in diesem Wahlapparat aus. Die Kontrollversuche, welchen ich jedes Tier 3- oder mehrmals unterzog, wurden in der gleichen Weise vorgenommen wie bei *Asellus*. Jeder dieser Versuche umfaßte 50 Läufe eines Tieres, wozu hier eine Zeit von 10—13 Min. benötigt wurde. Von 20 Tieren erwiesen sich 10 als seitenindifferent, 3 als rechtsläufig und 4 als linksläufig. Bei 3 Tieren war keine Einheitlichkeit des Verhaltens vorhanden, denn sie bevorzugten fast bei jedem neuen Kontrollversuch den entgegengesetzten Laufschenkel im Vergleich zu dem voraufgehenden Versuch. Ähnlich wie diese letztgenannten Tiere verhielten sich bei *Asellus* T_{12}, T_{13} und T_{20} (vgl. S. 598). Die Einteilung der Tiere ist hier eine etwas andere als bei *Asellus*, denn bei jener Art gab es keine seitenindifferenten Tiere. Außerdem war die Seitentendenz der als rechts- bzw. linksläufigen Tiere bezeichneten Individuen bei *Porcellio* viel deutlicher als bei *Asellus*. Die Seitenindifferenz fand bei *Porcellio* ihren Ausdruck in Werten, welche meist nahe an 50 : 50% der Gesamtläufe lagen. Die Schwankungen um diese Ziffer blieben in engen Grenzen (Abb. 8C). Mit dem Vorhandensein seitenindifferenter Tiere bei *Porcellio* hängt es zusammen, daß die Zahl der seitenstetigen hier geringer war als bei *Asellus*. Bei insgesamt 10 Tieren — rechnet man die 3 seitenwechselnden mit ein — war eine starke Rechts- bzw. Linksläufigkeit vorhanden (Abb. 8A, B und D). Hier ergab sich die Frage, ob die Bevorzugung eines Schenkels auf einer von vornherein vorhandenen Tendenz oder auf einer infolge der Läufe sich herstellenden Gewöhnung beruhe. Entsprechende Kontrollen (s. S. 628) wie auch das Verhalten während der Dressur lieferten bei den 7 seitenstetigen Tieren eine Entscheidung zugunsten einer Tendenz.

Die 3 seitenwechselnden Individuen (T_6, T_{11}, T_{18}) kamen für die Seitendressuren nicht in Betracht, und so konnten nur die 7 rechts- bzw. linksläufigen sowie die 10 seitenindifferenten Individuen, also insgesamt 17 Tiere herangezogen werden. Die Dressuren ließen sich nicht an jedem beliebigen Tag durchführen, da die Tiere manchmal sehr bewegungsunlustig waren. Im einzelnen gestalteten sich die Versuche ganz ähnlich wie diejenigen mit *Asellus*. Durch lebhafte Antennenschläge erfaßten die Tiere ihren Weg. Der Strafreiz wurde gegeben, wenn das Tier sich zum verbotenen Schenkel hingewandt hatte und sich in ihm mit seiner vorderen Körperhälfte befand. Die Reizungen wurden auf den Kopf und die Antennen lokalisiert und hatten zunächst ein Zusammenzucken und darauf eine Abwendung nach der anderen Seite zur Folge.

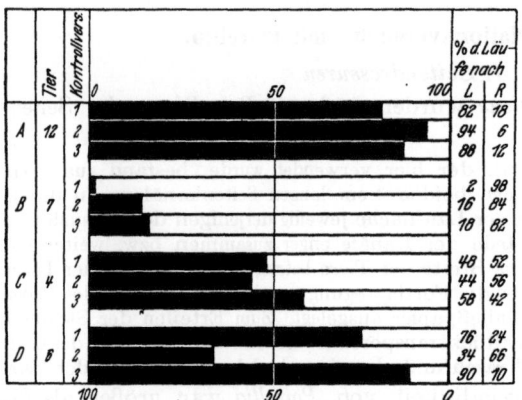

Abb. 8. *Porcellio*. Die vier Möglichkeiten des Verhaltens bei den Vorversuchen zu den Seitendressuren. ▬ Läufe nach Links in %. ☐ Läufe nach Rechts in %. *A* linksläufiges und *B* rechtsläufiges Tier, *C* seitenindifferentes und *D* seitenwechselndes Tier.

a) *Linksdressur*. Einer Dressur auf Vermeidung des rechten Schenkels wurden die 10 seitenindifferenten sowie die drei rechtsläufigen Tiere unterzogen. Bei diesen letzteren fehlte ein Erfolg; dagegen war die Fähigkeit zu lernen bei den seitenindifferenten Individuen im allgemeinen recht gut. Bei mehreren derselben trat die Bildung der Assoziation schon außerordentlich zeitig ein (Tabelle 11). Bereits nach einigen wenigen Bestrafungen waren Suchbewegungen oder spontane Abwendungen sichtbar, so daß hier schon innerhalb der ersten Minuten ein Erfolg verzeichnet werden konnte. Die bei *Asellus* durch die Strafreize hervorgerufene anfängliche Bevorzugung des verbotenen Schenkels unterblieb bei *Porcellio*.

Als Folge der Bestrafungen trat allgemein sowohl bei den gelungenen als auch bei den mißlungenen Dressuren eine Verminderung der Laufgeschwindigkeit ein, und die Zahl der Läufe in der Minute betrug nur noch 3—4. Erfolglose Versuche wurden nach etwa 100 Läufen ab-

Tabelle 11. *Porcellio*. Zeitiges Auftreten einer Assoziationsbildung bei der Linksdressur.

Lauf-Nr.	Laufgruppe								
	1	2	3	1	2	3	1	2	3
1		O	:		:	:	:		
2	:	:		O	:			O	O
3	■	:			:	O		:	
4	:		O	O	:			O	:
5				O	:			:	■
6	O		O			:		O	:
7	:	O	■	■			O		:
8	O	O		O	■	:	■	:	
9	■	:	:	■	O			:	■
10	O	:	O	:		■		O	O
Erfolge	4	3	5	5	3	2	2	5	3

Die ersten 3 Laufgruppen je einer Dressur dreier Tiere sind zum Vergleich nebeneinandergestellt.

Leeres Feld: Abwendungen vom rechten Schenkel infolge Strafreiz.

: Läufe zum linken Schenkel ohne Strafreiz und ohne deutliche Suchbewegungen der Antennen.

O Läufe zum linken Schenkel ohne Strafreiz nach vorausgegangenen Suchbewegungen der rechten Antenne

■ Spontane Abwendungen vom rechten Schenkel nach vorherigem Einbiegen in denselben und nach Suchbewegungen der Antennen, insbesondere der rechten.

gebrochen. Meist verstärkte sich in der zweiten Hälfte der erfolgreichen Dressuren die Verminderung der Geschwindigkeit weiterhin, so daß ich auf die Weiterführung der Versuche schließlich dann verzichtete, wenn die Tiere trotz häufigen Antreibens entweder keine schnellere Fortbewegung zeigten oder überhaupt nicht mehr vorwärts liefen. Die Zahl der Läufe war daher bei ein und demselben Individuum manchmal recht verschieden (z. B. Tabelle 13, T_9). Wie bei *Asellus* richtete es sich auch hier nach dem individuellen Verhalten der Tiere, wann eine Dressur ihr Ende fand. Die Versuche wurden auch dann abgebrochen, wenn das Tier trotz hoher Laufzahl keine besonderen Leistungen mehr zeigte. Eine Dressur von annähernd 300 Läufen nahm etwa 2 Stunden in Anspruch.

Bei *Porcellio* traten während der meisten Dressuren dreier Tiere (T_1, T_5, T_{19}) Läufe auf, bei denen wohl Suchbewegungen an der Gabelstelle ausgeführt wurden, jedoch die Abwendung vom verbotenen Schenkel erst eine Folge des Strafreizes war. Dieses Verhalten gegenüber dem verbotenen Schenkel kann man mit dem entsprechenden von *Asellus* vergleichen. Dort wurde es als erste Stufe des Lernens bezeichnet (vgl. S. 600, sowie Tabelle 1, Zeichen =). Allerdings fehlte bei dem größten Teil der Versuchstiere von *Porcellio* das in Rede stehende Verhalten. Wurde es seitens der Tiere gezeigt, so wurde hierdurch auch das Ergebnis der betreffenden Dressuren im allgemeinen beeinträchtigt. Andererseits ließ sich bei *Porcellio* häufig eine dressurbedingte Reaktion beobachten, die bei *Asellus* fehlte (vgl. z. B. Tabelle 12, Zeichen O; Näheres s. unten).

In Tabelle 12 ist der Verlauf einer gut gelungenen Dressur dargestellt. Bei dieser Dressur waren das erste Anzeichen einer Assoziation die prüfenden Bewegungen der rechten Antenne, da von rechts her der Strafreiz zu erwarten war. Das Tier entschied sich dann für den linken Schenkel, ohne dazu durch einen Strafreiz gezwungen zu werden (Lauf 11 und 12, Zeichen O). Es handelt sich also um eine Hinwendung zum erlaubten Schenkel. Wie bei *Asellus* (S. 601) muß auch bei *Porcellio* eine Unterscheidung zwischen einer Hinwendung zum erlaubten und einer Abwendung vom verbotenen Schenkel gemacht werden. Am deutlichsten zeigte sich bei beiden Tierarten die Assoziationsbildung in den spontanen Abwendungen. Diesen gingen eine Wendung zum verbotenen rechten Schenkel und außerdem tastende Schläge der rechten Antenne voraus. Das Tier wandte sich dann aber aus eigenem Antrieb und ohne Strafreiz von dem verbotenen Schenkel ab. Zwar waren bei den Kontrollversuchen schon Abwendungen von dem einen oder dem anderen Schenkel aufgetreten, doch lassen sich diese den dressurbedingten Abwendungen nicht gleichstellen, da den ersteren das Prüfen des Raumes mittels der auf betreffenden Seite befindlichen Antenne fehlte und auch die überwiegende Vermeidung des rechten Schenkels bei den seitenindifferenten Tieren nicht zu beobachten war. In Tabelle 12 ist für jede Laufgruppe die Zahl jener Läufe angegeben, die einen Dressurerfolg aufwiesen. Hier sowohl wie in anderen Fällen traten die spontanen Abwendungen in den verschiedensten Laufgruppen auf und zwar meist vereinzelt. Ein Anstieg ihrer Zahl, wie er bei *Asellus* vorlag, ließ sich hier nicht feststellen.

Sehr häufig waren auch freie Entscheidungen für den linken Schenkel, bei denen es sich um Hinwendungen zu diesem handelte, wobei jedoch Tastbewegungen und Strafreize fehlten (Tabelle 12, Zeichen :). Das Verhalten der Tiere während dieser Läufe selbst gab keine Anhaltspunkte dafür, ob sie auf einem Dressurerfolg beruhten oder nicht. Jedoch läßt sich oftmals auf Grund der anschließenden Läufe annehmen, daß diese fraglichen Linksläufe, wenn vielleicht auch nicht sämtlich, so doch in der Mehrzahl ein Ergebnis der Dressur darstellen. Es folgen nämlich in Tabelle 12 auf die Läufe 36, 63, 68, 151 usw. (Zeichen :) Hinwendungen zum linken Schenkel, die durch die vorausgegangenen Suchbewegungen der rechten Antenne deutlich als Dressurerfolg kenntlich sind (Zeichen O).

Tabelle 12. *Porcellio*. Verlauf der 1. Linksdressur von T_4.

Lauf-Nr.	Laufgruppe																														Erfolge
	1	2	3	4	5	6	7	8	9	10	11	12	13	14	15	16	17	18	19	20	21	22	23	24	25	26	27	28	29	30	
1	••	O	••	••		••	■	••	O	••		O	••	O	••	••	••		••	••			••	O	O	O	••			••	0
2	O	O	••	••	O	••	O	••	••	••	O		••	O	••	O	••		••	••		••	••	O	O	••		O	O		3
3		••			■		••	••	■	••	O		••		••	••			••							••					6
4		••		O	O	O	O	••	O	O	••	••	O	••	O	••	O	O	••	••	O	••	••	••	••	••	O	O			4
5				O	O	O	O	••	O	O	••		O	O	O	••	••	O	••	••	••		■	••	••	••	O	••			5
6			■	••	O	O	••	••	O	••	••		••	••	O	••	O	••	••	••	••		O	■	••	••	O				4
7		••	O	••	••	■	••	••	O	••	••		■	••	••	O	••	••	••	••	O	••	■	■	••	••	••	••	O		7
8		••	O	••	••	••	••	••	••		••	O	■	••	••	O	••	■	••	••	O	••	O	O	••	••	O	O			0
9	••	••	O	••	••		O	••	••	••	••	O	••	••	••	O	••	O	••	••		••	O	O	O	••	••	O	••	••	6
10		••	O	••	••	O	O	••	••		O	••	O	••	••	••	••	O	O	••		••	O	O	O	••	••				0
Erfolge	0	3	6	4	5	4	7	0	6	2	3	5	5	3	2	4	2	6	0	0	3	0	5	5	6	1	4	3	3	0	

Erklärungen wie bei Tabelle 11.
R Ruhe.
— weitere Läufe fanden nicht statt.

Den Läufen 127 und 178 folgen sogar spontane Abwendungen (Zeichen ■). Mithin läßt sich annehmen, daß zum mindesten die Mehrzahl dieser fraglichen Linkswendungen (Zeichen ⁑) unter dem Einfluß der Dressur standen. Bei 8 von insgesamt 10 seitenindifferenten Tieren ließ sich die gewünschte Assoziationsbildung erzielen, während die restlichen 2 wie auch diejenigen mit starker Rechtstendenz (T_2, T_7, T_{17}) auf die Dressuren nicht ansprachen.

Allgemein gesagt, äußerte sich der Dressurerfolg bei den gelungenen Versuchen durch eine Zunahme der Linksläufe gegenüber den Kontrollversuchen. In Abb. 9 ist diese Zunahme für 3 Tiere, bei denen verschieden starke Dressurerfolge erzielt wurden, vergleichend nebeneinandergestellt. Hierbei sind sowohl die spontanen Abwendungen

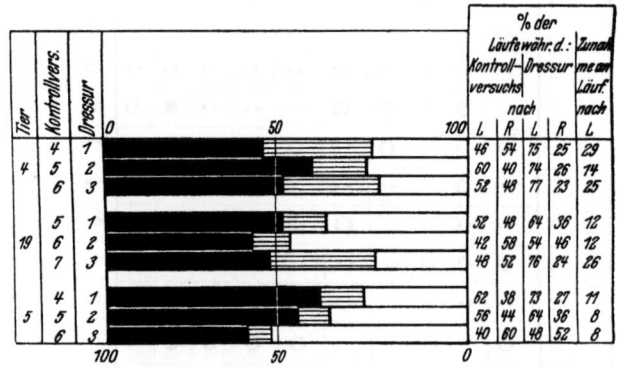

Abb. 9. *Porcellio.* Zunahme der Linksläufe infolge Dressur dreier Tiere bei verschieden großem Dressurerfolg. ▬▬▬ Läufe nach Links während der Kontrollversuche in %. ≡≡≡ Zunahme der Läufe nach Links infolge Dressur in %. ▭ bestrafte Läufe nach Rechts während der Dressur in %.

Tabelle 13. *Porcellio.* Ergebnis der gelungenen Linksdressuren.

Tier	Dressur	Gesamtzahl der Dressurläufe			% der spontanen Abwendungen			% der gesamten Dressurerfolge			Durchschnittswert	Erfolg
4	1 3	293		280	4,78		3,57	32,58		31,77		
9	1 ?	226		240	4,05		3,98	33,45		27,78		
15	1 2 3	330	330	330	3,64	4,85	4,85	27,84	26,45	32,75	29,63	gut
16	2 3		291	317		4,16	2,84		24,49	29,04		
19	3			324			3,09			25,19		
1	1 2 3	320	349	303	2,50	3,16	1,98	15,70	18,26	22,18		
4	2		298			2,35			20,55			
5	1	330			1,84			16,40			19,37	mäßig
13	2 3		280	280		1,74	2,14		19,04	23,24		
19	1 2	360	360		2,50	1,39		14,90	19,59			
5	2 3		345	310		1,16	1,64		11,36	10,04		
9	2		285			1,28			11,58		13,17	gering
13	1	280			0,71			12,91				
16	1	325			1,23			10,03				

Über das Lernvermögen bei Asseln. 625

Tabelle 14. Porcellio. Verlauf der 3. Rechtsdressur von T_4.

Lauf-Nr.	1	2	3	4	5	6	7	8	9	10	11	12	13	14	15	16	17	18	19	20	21	22	23	24	25	26	27	28	29	30	31	32	Erfolge
1	••	••	••			••	O	••	••	••	••	O		••	••		O			■	O	O		••	••	O	O	O		••	••	O	2
2	■	••	••	••	O	••	■	••	••		••	O	O	••	••	••	O	••	••	■	••	O	••		O	O	O	••	••	••	O		5
3	••	••	••	••	••	••	O	••	••		••	O	O	••	O	••	O	■	••	O	••	O	••		••	O	O	••	••	••			0
4	O	••	••	••			O	••	••	■	••	O	O	••	••	••	O	O		O	••	••	O	■	••	••	■	••	••	••			3
5				O	■		O	••		■	••	O	O		O		O	O	••	••	••	O	••	O	••	••	O		••	••			5
6		••	••	O	■	••	••	••	••	■	••	••	O	••	O	■	O	O	••	O	••	••	••	O	••	••	••		••	••		••	3
7	O	O		••	O	■		••	O	••	••	••	O	O	O	O	••	O	••		••	••	••	O	O	••	••		••	••	O	••	5
8		••	••	••	O	O	••	••	••	••	••	••	O	O	••	O	••	••	O	O	••	O	••	O	••	••	O	O	O	••	••		6
9	••		••	••	O	O	••	••	••	••		••	••	O	••	O	••	••	O	O	••	O		••	••	••		O	••	••	••	—	5
10	••		••	O	••	O	O	••	••	••			••	O	••	O	••	••	••	O	••	O		••	••		O	••	••	••	••	—	5
Erfolge	2	5	0	3	5	3	6	0	2	4	0	5	6	3	4	4	6	5	2	8	1	5	1	4	2	3	5	3	2	0	2	1	

Laufgruppe

Leeres Feld: Abwendungen vom linken Schenkel infolge Strafreiz.
•• Läufe zum rechten Schenkel ohne Strafreiz und ohne deutliche Suchbewegungen der Antennen.
O Läufe zum rechten Schenkel ohne Strafreiz nach vorausgegangenen Suchbewegungen der linken Antenne.
■ Spontane Abwendungen vom linken Schenkel nach vorherigem Einbiegen in denselben und nach Suchbewegungen der Antennen, insbesondere der linken.
R Ruhe.
— weitere Läufe fanden nicht statt.

(vgl. Tabelle 12, Zeichen ■) wie auch die Hinwendungen zum linken Schenkel nach Ausführung von Suchbewegungen (Zeichen ○) und diejenigen, bei denen die Suchbewegungen fehlten (Zeichen ⁝), zusammengefaßt.

Die gelungenen Dressuren lassen sich nach dem Grad des Erfolges einteilen (Tabelle 13). Die Zahl der auf die Dressur zurückzuführenden Läufe (Ab- bzw. Hinwendungen) liegt bei den am besten gelungenen Versuchen (Erfolg „gut") im Durchschnitt bei 29,63% der Gesamtläufe und erreicht im Maximum 33,45%. Die anderen beiden weniger erfolgreichen Versuchsgruppen (Erfolg „mäßig" und „gering") zeigen Durchschnittswerte von 19,37% bzw. 13,17%.

Bei 2 Tieren (T_1, T_{15}) lagen die Ergebnisse der 3 mit ihnen angestellten Dressuren jeweils in der gleichen Erfolgsstufe; denn bei T_{15} waren die Erfolge „gut", bei T_1 „mäßig". In 4 Fällen (T_4, T_5, T_{13}, T_{19}) wechselten die Leistungen der einzelnen Tiere zwischen 2 benachbarten Stufen, und nur in 2 Fällen (T_9, T_{16}) erstreckten sie sich auf die 1. und die 3. Stufe (Erfolg „gut" bzw. „gering"). Eine Ausdehnung über sämtliche drei Leistungsstufen, wie sie während der Linksdressur bei einem Exemplar von *Asellus* auftrat (S. 604), fehlte hier.

b) Rechtsdressur. Die Dressuren auf Vermeidung des linken Schenkels wurden genau entsprechend den vorhergehenden Linksdressuren durchgeführt. Als Veruchstiere kamen außer den 4 linksläufigen wiederum die 10 seitenindifferenten in Betracht. Diese Dressuren boten gegenüber den vorigen nichts Neues. Man vergleiche Tabelle 14 mit Tabelle 12. In diesen beiden Fällen handelt es sich um gut gelungene Dressuren bei ein und demselben Tier (T_4).

Tabelle 15. *Porcellio*. Ergebnis der gelungenen Rechtsdressuren.

Tier	Dressur	Gesamtzahl der Dressurläufe			% der spontanen Abwendungen			% der gesamten Dressurerfolge			Durchschnittswert	Erfolg
1	2	300			4			29,6				
4	3		326			5,21			31,31			
13	1 2	290	290		3,8	4,82		26	26,92		28,75	gut
16	1 2 3	315	281	347	3,81	4,62	2,88	26,71	33,82	27,08		
19	2		350			2,57			28,57			
1	1 3	300		300	3		2	20,6		21,0		
4	2		374			2,15			17,45			
5	1	310			2,26			15,46				
9	1 2 3	297	346	331	2,02	2,88	2,71	13,32	22,18	16,91	18,06	mäßig
13	3			290			2,42			22,82		
19	1 3	350		350	1,71		2,28	17,91		13,85		
4	1	357			1,06			10,36				
5	2 3		310	310		0,64	1,29		8,94	7,89	9,78	gering
10	1 2 3	290	290	290	0,69	1,39	1,04	6,89	12,59	11,04		

8 gelungenen Dressuren stehen 6 mißlungene gegenüber. Von diesen 6 letztgenannten waren es die 4 linksläufigen Tiere, welche die gewünschte Assoziation nicht zu bilden vermochten und nur 2 der seitenindifferenten Individuen. Also sowohl während der Links- wie während der Rechtsdressuren konnte bei den Tieren mit starker Seitentendenz kein Erfolg erzielt werden. Das Gesamtergebnis der Rechtsdressuren ist fast das gleiche wie das der Linksdressuren (Tabelle 15). Der Durchschnittswert der „guten" Erfolge liegt bei 28,75% der gesamten Dressurläufe, derjenige der „mäßigen" bei 18,06% und derjenige der „geringen" bei 9,78%.

Vergleicht man das Verhalten der beiden Arten *Asellus* und *Porcellio* während der Seitendressuren (Tabelle 1, 3, 12, 14), so liegen die Übereinstimmungen hauptsächlich in den Abwendungen vom verbotenen Schenkel infolge der Strafreize (in den Abbildungen durch leere Felder gekennzeichnet), in den Hinwendungen zum erlaubten Schenkel ohne Strafreiz und ohne deutliche Suchbewegungen der Antennen (Zeichen ⁝), sowie in den dressurbedingten, spontanen Abwendungen (Zeichen ■). Unterschiede aber bestehen in jenen Bewegungen der Tiere an der Gabelungsstelle, durch welche der Beginn der Assoziationsbildung zum Ausdruck gebracht wird. War bei *Asellus* ein stufenmäßiges Lernen erkennbar, das sich durch Suchbewegungen der Antennen an der Gabelungsstelle mit nachfolgendem Strafreiz (Zeichen =) und Schreckreaktionen am Beginn des verbotenen Schenkels mit nachfolgendem Strafreiz (Zeichen ✗) äußerte, so fehlten diese beiden Stufen bei der Mehrzahl der Individuen von *Porcellio*. Denn nur 3 Angehörige von *Porcellio* (T_1, T_5, T_{19}) lassen einen Vergleich mit *Asellus* insofern zu, als sie ein Verhalten zeigten, welches der 1. Stufe des Lernens bei letzterer Art sehr ähnlich war (vgl. S. 622). Im übrigen unterschieden sich die beiden Arten dadurch voneinander, daß *Asellus* Schreckreaktionen am verbotenen Schenkel zeigte (Zeichen ✗), während solche bei *Porcellio* fehlten. Andererseits traten bei *Porcellio* strafreizlose Hinwendungen zum linken Schenkel auf, denen Orientierungsbewegungen mittels der rechten Antenne vorausgegangen waren (Zeichen o). Sie konnten bei *Asellus* nicht beobachtet werden. Durch diese Reaktionen kam es bei *Porcellio* zum Ausdruck, daß die Verknüpfung von bedingtem und unbedingtem Reiz sehr rasch zustande gekommen war. Im allgemeinen lernten die Angehörigen von *Porcellio* rascher als die von *Asellus*, sich dressurgemäß zu verhalten, was vor allem in dem früheren Auftreten spontaner Abwendungen vom verbotenen Schenkel (Zeichen ■) sich ausdrückte.

Ein Vergleich der Ergebnisse, die bei den gesamten Dressuren sowohl von *Asellus* als auch von *Porcellio* erzielt wurden, zeigt eine große Ähnlichkeit der Werte (Tabelle 16). Im einzelnen sind die bei *Porcellio* gewonnenen Werte nur um einen geringen Prozentsatz höher als die jeweils bei *Asellus* erzielten. Ohne tiefer gehende Bedeutung ist die

Tabelle 16. **Vergleich der Ergebnisse der Seitendressuren von** *Asellus* **und** *Porcellio*.

Erfolg	Linksdressur von		Rechtsdressur von	
	Asellus	*Porcellio*	*Asellus*	*Porcellio*
Gut	26,18	29,63	fehlt	28,75
Mäßig	14,61	19,37	17,33	18,06
Gering	6,62	13,17	7,45	9,78

Tatsache, daß bei der Rechtsdressur von *Asellus* der als „gut" bezeichnete Erfolg fehlt.

Um feststellen zu können, ob die Bevorzugung einer Seite eine Tendenz oder eine Gewöhnung zum Ausdruck bringt, wurden die 3 rechtsläufigen, 4 linksläufigen und 3 seitenwechselnden Tiere vor der Durchführung der Seitendressuren noch einigen besonderen Versuchen unterworfen. Hierdurch ließ sich entscheiden, ob diese Tiere für die Dressuren geeignet waren.

1. Der Zugang zu dem vom Tier bevorzugten Schenkel wurde während des Versuchs durch einen Glasstreifen gesperrt. Die rechts- bzw. linksläufigen Tiere stießen fast jedesmal gegen die Sperre und wandten sich erst dann zur anderen Seite hin, wenn sie keinen anderen Ausweg fanden. Wurde der Glasstreifen entfernt, so nahmen diese Tiere sofort ihre anfängliche Rechts- bzw. Linkswendungen wieder auf. Die seitenwechselnden Tiere machten nur bei den ersten 10—15 Läufen den Versuch, ihren Weg in dem gesperrten Laufschenkel fortzusetzen. Dann aber wurde dies Verhalten immer seltener, und sie gingen dazu über, sich zum freien Schenkel hin zu wenden, ohne den Weg vorher besonders zu ertasten (Tabelle 17).

2. Die Versuchstiere wurden vor Beginn der Versuche einzeln etwa 2 Stunden lang in einer Petrischale aufbewahrt, deren Boden und Seitenwände mit schwarzem Papier ausgekleidet waren. Während des Aufenthaltes auf dem schwarzen Untergrund sollten die Tiere sich an diesen gewöhnen. Für die Versuche wurden Boden und Seitenwände des jeweils nicht bevorzugten Laufschenkels in gleicher Weise schwarz ausgelegt. Während die 7 rechts- bzw. linksläufigen Tiere in gleichem Maße wie vorher ihre bisher bevorzugte Richtung einschlugen, nahm bei den 3 Seitenwechselnden Tieren die Zahl der Hinwendungen zum schwarz ausgekleideten Laufschenkel mit Fortschreiten des Versuchs immer mehr zu. So verstärkte sich die Anzahl der Wendungen nach dem rechten Schenkel z. B. bei T_6 gegenüber denen, welche etwa 2 Stunden vorher zu zählen waren, um 36%; standen sich zunächst 76% Links- und 24% Rechtsläufe gegenüber; dann aber wurden nur noch 40% Linksläufe, jedoch 60% Rechtsläufe gezählt. Der rechte Schenkel wurde also jetzt infolge dieser Gewöhnung viel häufiger aufgesucht als der linke.

3. und 4. Zwei weitere Versuche, bei denen der bevorzugte Laufschenkel in einem Winkel von 45° aufwärts bzw. abwärts gerichtet wurde, ließen wiederum die 7 seitenstetigen Tiere keine entscheidenden Verhaltensänderungen erkennen. Die 3 seitenwechselnden Tiere aber wandten sich anfänglich oftmals von dem aufwärts bzw. abwärts gerichteten Schenkel ab. Dann aber steigerte sich bei ihnen die Zunahme der Hinwendungen zum waagerechten Schenkel in wachsendem Maße (vgl. das oben über den Unterschied zwischen Abwendungen und Hinwendungen Gesagte). Die Tiere gewöhnten sich also daran, den ihrem bisherigen entgegengesetzten Weg zu wählen (Tabelle 18).

Durch diese Versuche war es möglich, den Unterschied zwischen den durch eine primäre Tendenz und den durch sekundäre Gewöhnung bedingten Seitenwahlen aufzuzeigen. Die 7 seitenstetigen Tiere bewahrten ihre von vornherein beobachtete Tendenz. Bei den 3 seitenwechselnden

Tabelle 17. *Porcellio*. Abnahme der Abwendungen vom gesperrten Seitenschenkel und Zunahme der Hinwendungen zum freien Schenkel bei dem seitenwechselnden Tier T_6.

Lauf-gruppe	Anzahl der	
	Abwendungen	Hinwendungen
1	10	0
2	5	5
3	3	7
4	0	10
5	3	7
6	1	9
7	2	8
8	0	10
9	0	10
10	2	8

Jede Laufgruppe umfaßt 10 Läufe.

Tabelle 18. *Porcellio*. Abnahme der Abwendungen vom aufwärts gerichteten Seitenschenkel und Zunahme der Hinwendungen zum waagerechten Schenkel bei dem seitenwechselnden Tier T_6.

Lauf-gruppe	Anzahl der	
	Abwendungen	Hinwendungen
1	7	3
2	9	1
3	6	4
4	7	3
5	4	6
6	1	9
7	0	10
8	4	6
9	2	8
10	3	7

Jede Laufgruppe umfaßt 10 Läufe.

Tieren jedoch ließ sich die Bevorzugung eines bestimmten Laufschenkels durch die Abänderungen der Apparatur beeinflussen. Daher war es nicht möglich, diese 3 Individuen im Gegensatz zu den 7 seitenstetigen zu den Dressuren heranzuziehen.

2. *Aufwärts- bzw. Abwärtsdressuren.*

Die hier zu beschreibenden Versuche beruhen auf einem ähnlichen Prinzip wie die Seitendressuren, indem auch im vorliegenden Falle das Tier zwischen zwei Wegen zu wählen hatte. Jedoch handelte es sich hierbei nicht um einen rechten bzw. linken Schenkel, sondern um einen oberen und einen unteren Kanal.

Der Wahlapparat bestand aus 3 oben offenen Laufkanälen, deren einer sich waagerecht befand, während die beiden anderen am Ende des ersteren ansetzten und, übereinander gelegen, im Winkel von

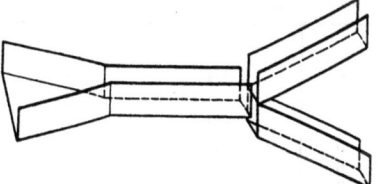

Abb. 10. Wahlapparat für die Aufwärts- bzw. Abwärtsdressuren von *Porcellio*.

45° nach aufwärts bzw. abwärts führten (Abb. 10). Der Abstand zwischen dem waagerechten Kanal und dem oberen sowie dem unteren betrug je 4 mm, also etwa $2/5$—$1/3$ der Körperlänge der Tiere. Das Überschreiten des Spaltes bot den Tieren mithin keine Schwierigkeit. Die Länge des waagerecht stehenden Kanals betrug 6 cm, die der beiden anderen Kanäle je 4 cm; die Breite dieser drei Laufkanäle ließ sich derjenigen der Versuchstiere entsprechend durch Verschieben der einen Seitenwand verändern. Art und Methode sowohl der Vorversuche als auch der Dressuren waren im übrigen die gleichen wie bei den Seitendressuren. Der Strafreiz wurde erteilt, wenn die Tiere mit ihren vorderen Extremitätenpaaren den verbotenen Kanal betreten hatten. Sie mußten also zurückweichen und den erlaubten Kanal zur Fortsetzung ihres Weges benutzen.

Für die Versuche wurden die gleichen Tiere verwendet wie für die Seitendressuren. Das Verhalten dieser Tiere gegenüber den beiden von der Horizontalen abweichenden Laufkanälen war naturgemäß ein anderes als jenes, das sie gegenüber den Seitenschenkeln gezeigt hatten. Bei allen Tieren trat eine mehr oder weniger starke Bevorzugung des unteren Kanals auf. Dies dürfte damit unmittelbar zusammenhängen, daß in der freien Natur die Flucht dieser Tiere meist nach abwärts gerichtet ist. Jeder Kontrollversuch umfaßte auch hier 50 Läufe. Die Stärke dieser Tendenz läßt sich gemäß den jeweils gewonnenen Zahlen für jeden dieser Kontrollversuche bewerten. Dabei konnte aber für die einzelnen Tiere eine bestimmte Ordnung nicht aufgestellt werden, da die Häufigkeit der Bevorzugung des abwärts gerichteten Kanals bei den meisten von ihnen von einem Kontrollversuch zum anderen zahlenmäßig nicht ganz konstant blieb. Sie lag in diesen Fällen zwischen 62% und 92% der Gesamtläufe. Bei jenen Kontrollversuchen, die an Abwärtsläufen 62—72% der Gesamtläufe aufwiesen, sei von „schwacher" Tendenz gesprochen, bei jenen anderen dagegen, die 74—82% und 84—92% der Abwärtsläufe zeigten, von „mittelstarker" bzw. „starker" Tendenz. Da die Stärke der Tendenz bei den Tieren zu schwanken pflegte, wurde $^1/_2$ Stunde vor der Dressur die dann vorhandene Tendenz festgestellt und diese zum Vergleich mit dem Dressurergebnis herangezogen.

Tabelle 19. *Porcellio*. **Abnahme der Abwendungen vom gesperrten unteren Kanal und Zunahme der Hinwendungen zum freien oberen Kanal bei dem seitenwechselnden Tier T_6.**

| Lauf- | Anzahl der | |
gruppe	Abwendungen	Hinwendungen
1	10	0
2	10	0
3	4	6
4	9	1
5	5	5
6	2	8
7	3	7
8	0	10
9	1	9
10	1	9

Jede Laufgruppe umfaßt 10 Läufe.

Die Tiere T_6, T_{11}, T_{18} wiesen während aller mit ihnen angestellten Kontrollversuche eine 100%ige Bevorzugung des unteren Kanals auf. Daher lag die Vermutung nahe, daß es sich wiederum um eine Gewöhnung handele (vgl. S. 628). Es wurden mit diesen Tieren in dem vorliegenden Wahlapparat Versuche angestellt, welche ähnlich den auf S. 628 im Abschnitt 1 dargestellten gehandhabt wurden. Durch Einfügen eines Glasstreifens wurde der untere Kanal gesperrt. Das Ergebnis war hier dem bei jenen Versuchen erzielten sehr ähnlich (vgl. Tabelle 19 und Tabelle 17). Da die Hinwendungen zum oberen Kanal bei diesen Tieren etwas Neues darstellten und im Verlauf des Versuchs immer zahlreicher wurden, erwies sich das Verhalten der 3 Individuen als Gewöhnung. Die Durchführung von Dressuren war daher bei diesen Tieren nicht möglich, und sie mußten ausscheiden.

1. Aufwärtsdressur.

Von den 17 zu der Dressur herangezogenen Tieren vermochten 10 die Assoziation zu bilden, den nach abwärts führenden Kanal zu vermeiden. Da es sich hier um eine Dressur entgegen einer im allgemeinen starken

Über das Lernvermögen bei Asseln.

Tabelle 20. *Porcellio.* Verlauf der 1. Aufwärtsdressur von T_1.

Lauf-Nr.	1	2	3	4	5	6	7	8	9	10	11	12	13	14	15	16	17	18	19	20	21	22	23	24	25	26	27	28	Erfolge
1								••	=	••	=			••				=	■	••				••	••	••		••	0
2			••			••		••	=	••		••			=	••		••	=	••	=	••	=	••	=		=		0
3	••	••			••	••		••	=	••	=	••		=	••	••	=	••	••	••	=	••		••					0
4					••		=	••	=			••	■	••		••	••	••	=		••		■		■	=			0
5							=	••	=				=	=			■	=	=	=			=		=	=	••	E
6	••	••	••	••		••	••	••	=	••	=	••	=	••	=	••	=	=	=	••	=		••	=	=	••		
7				••					=				=	••	••	=		=	••	••	=		••	=	••	••	••	
8				••		••	••		=	••	=	••	••	••	••		••	=	=		=	••	••		••	••	=	
9									=					••						••	=	••						
10								■	=	=																		
Erfolge	0	0	0	0	0	0	2	1	7	1	3	0	4	2	2	2	4	3	4	1	4	0	3	2	3	2	2	0	

Leeres Feld: Abwendungen vom unteren Kanal infolge Strafreiz.
•• Läufe in den oberen Kanal ohne Strafreiz und ohne deutliche Suchbewegungen der Antennen.
= Läufe in den oberen Kanal ohne Strafreiz nach vorausgegangenen Suchbewegungen der Antennen.
■ Spontane Abwendungen vom unteren Kanal nach vorherigem Abwärtsrichten des Körpers und nach Suchbewegungen der Antennen.
E Ende der Dressur.
— weitere Läufe fanden nicht statt.

Tendenz handelt, waren die gesamten Erfolge zahlenmäßig ziemlich gering. Entsprechend der hohen Anzahl an Abwärtsläufen während der Kontrollversuche war bei den Dressuren die Zahl der bestraften Ansätze des Tieres, abwärts zu laufen, sehr hoch. Oftmals mußten mehrere Strafreize erteilt werden, um eine Abwendung vom verbotenen unteren Kanal zu erzielen. Im allgemeinen waren durchschnittlich 5 Bestrafungen nötig. Das Maximum für die in Tabelle 20 dargestellte Dressur lag bei 9 Reizungen. Im einzelnen weisen die Dressuren gegenüber den Seitendressuren keine prinzipiellen Besonderheiten auf. Der Kontrollversuch,

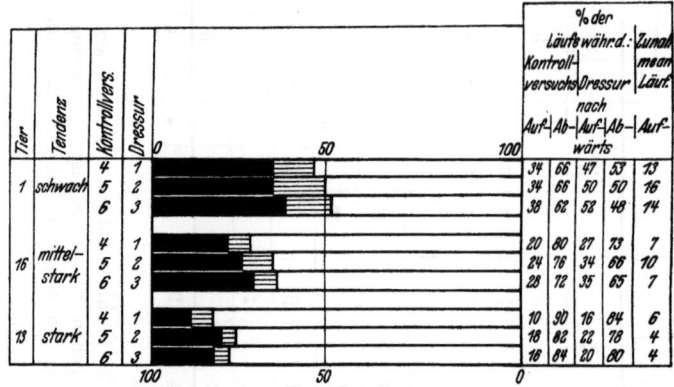

Abb. 11. *Porcellio*. Zunahme der Hinwendungen zum oberen Kanal infolge Dressur. Bei jedem der 3 Tiere war die Tendenz des jeweiligen Kontrollversuches, der den Dressuren vorausging, die gleiche. ■■■■ Aufwärtsläufe während der Kontrollversuche in %. ≡≡≡ Zunahme der Aufwärtsläufe infolge Dressur in %. ▭ bestrafte Abwärtsläufe während der Dressur in %.

der dem in Tabelle 20 wiedergegebenen Dressurversuch unmittelbar vorausging, ließ eine schwache Tendenz erkennen. Die Dressuren verliefen ähnlich wie die Seitendressuren. Das Verhalten der Tiere gegenüber dem oberen und unteren Kanal war während der Dressuren ein sehr ähnliches wie dasjenige gegenüber dem rechten und linken Schenkel bei den Seitendressuren. Daher gilt auch hier die bei jenen Dressuren vorgenommene Unterscheidung zwischen Abwendungen und Hinwendungen. Unter dem Einfluß der Tendenz traten die Dressurerfolge sowohl bei dem in Tabelle 20 dargestellten Versuch wie auch bei allen übrigen erst ziemlich spät auf. Im vorliegenden Falle erschien der erste Erfolg nach etwa 18 Min. (d. h. beim 65. Lauf), während er sich in sonstigen Fällen nach 15—37 Min. beobachten ließ. Der Prozentsatz der dressurbedingten Entscheidungen des Tieres liegt nicht so hoch wie derjenige der guten Erfolge, welche bei den Seitendressuren erzielt wurden.

Der Dressurerfolg wurde neben dem Auftreten von spontanen Abwendungen (Zeichen ■) vor allem durch die strafreizlosen Hinwendungen zum oberen Kanal (Zeichen ||) deutlich. Die gesamte Zunahme an Aufwärtsläufen schwankte zwischen 12 und 18% bei jenen Versuchen, vor deren Beginn beim Tier eine schwache Tendenz festgestellt worden war. War dagegen eine mittelstarke bzw. starke Tendenz vorher vorhanden, so bewegte sich die Zunahme an Aufwärtsläufen zwischen 6—12% bzw. 1—6% (Abb. 11).

Tabelle 21. **Ergebnis der gelungenen Aufwärtsdressuren von** *Porcellio*.

Tier	Tendenz	Dressur	Gesamtzahl der Dressurläufe	% der Dressurerfolge	Durchschnittswert	Erfolg
1		1 2 3	277 318 300	18,8 15,1 19,3		
3		3	280	20		
9	schwach	1 2 3	298 300 300	20,5 14,3 16	17,54	mäßig
10		1 2 3	345 350 321	17,1 14 20,3		
3		1 2	270 310	7,4 11,6		
4		2	350	8,6		
7	mittel-	1 2 3	300 300 300	13 8,6 10,02	9,86	gering
16	stark	1 2 3	324 340 330	8,4 11,7 10,03		
19		1 3	350 350	10,3 7,4		
20		2 3	290 275	13,2 8		
4		1 3	350 350	5,3 4,6		
13	stark	1 2 3	311 320 320	4,5 6,2 3,4	4,23	sehr gering
19		2	350	2,3		
20		1	300	3,3		

In Tabelle 21 sind die Ergebnisse der gelungenen Dressuren zusammengestellt. Der Erfolg errechnet sich stets gemäß der Stärke der Tendenz, welche eine halbe Stunde vor Beginn der Dressuren vorlag. Die besten Leistungen wurden bei schwacher, die geringsten bei starker Tendenz erreicht. Der Durchschnittswert für die ersteren liegt bei 17,54%, derjenige für die mittleren und geringsten bei 9,86% und 4,23%. Verglichen mit den Seitendressuren können diese Erfolge nur als „mäßig", „gering" und „sehr gering" bezeichnet werden.

2. *Abwärtsdressur*.

Die Dressuren in Richtung der primär vorhandenen Tendenz zeigten, wie erwartet, rasch eintretende Erfolge. Die Bildung der Assoziation äußerte sich, entgegengesetzt wie bei den vorhergehenden Versuchen, durch spontane Abwendungen vom oberen Kanal (Zeichen ■) und durch strafreizlose Hinwendungen zum unteren Kanal (Zeichen ||). Bei den letzteren wurden Suchbewegungen der Antennen ausgeführt. Diese beiden als Dressurerfolge zu bezeichnenden Reaktionsformen traten hier stets frühzeitig auf. Sie waren schon innerhalb der ersten 2—3 Laufgruppen vorhanden. Wie bei den Aufwärtsdressuren wurde hier ebenfalls der Grad der Tendenz durch einen der Dressur vorangehenden Kontrollversuch bestimmt. Die Zunahme der Hinwendungen zum unteren Kanal war bei schwacher Tendenz 13—20%, bei mittelstarker aber nur 3—9% (Abb. 12). Bei starker Tendenz fehlte jeder Dressurerfolg. Dies ist darauf zurückzuführen, daß der Prozentsatz der Aufwärtsläufe im Vergleich zu dem der abwärts gerichteten allzu niedrig war. Die Möglichkeit, durch Bestrafung eine verstärkte Beachtung des oberen Kanals herbeizuführen, war mithin zu gering. Tabelle 22 stellt die erste Dressur von T_1 dar; die Tendenz dieses Tieres, abwärts zu laufen, war während des der Dressur vorausgehenden Kontrollversuches „schwach". Dieses Tier war auch für die in Tabelle 20 dargestellte Dressur verwandt worden.

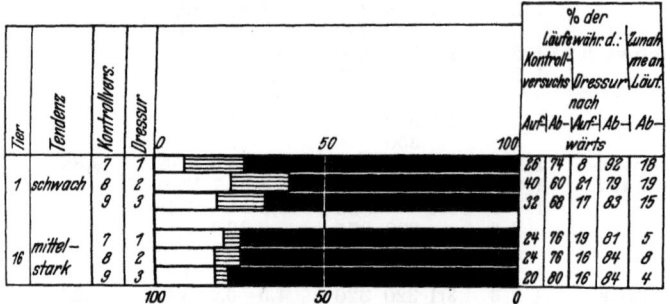

Abb. 12. *Porcellio*. Zunahme der Hinwendungen zum unteren Kanal infolge Dressur. Bei beiden Tieren war die Tendenz während des jeweiligen Kontrollversuches, der den Dressuren vorausging, die gleiche. ▬▬▬ bestrafte Aufwärtsläufe während der Dressur in %. ▭▭▭ Zunahme der Abwärtsläufe infolge Dressur in %. ▬▬▬ Abwärtsläufe während der Kontrollversuche in %.

Die Anzahl der Abwärtsläufe beträgt (mit Einschluß der dressurbedingten) 92% der Gesamtläufe, während auf die reinen Dressurerfolge hiervon nur etwa 8% entfallen. Die Gesamtzunahme gegenüber dem vorausgegangenen Kontrollversuch beträgt 18% (Abb. 12). Die Zahl der Aufwärtsläufe hat sich also um diese 18% verringert, so daß die Zahl der bestraften Aufwärtsläufe (Abwendungen vom verbotenen Kanal infolge Strafreizes) nur 8% beträgt.

Zwar geschah die vorliegende Dressur in Richtung einer bereits vorhandenen Tendenz; dennoch lehrt die Erhöhung der Zahl der Abwärtsläufe, daß eine Assoziation zustande kam. Bei einem Vergleich der Erfolge, die bei schwacher und bei mittelstarker Tendenz gewonnen wurden, erhält man als Durchschnittswerte 7,8% und 3,5% der Gesamtläufe (Tabelle 23). Diese beiden Werte liegen ein wenig unter denen, welche sich bei der Aufwärtsdressur ergaben. Immerhin kann der Wert von 7,8% als „geringer" Erfolg bezeichnet werden. Der Wert von 3,5% muß dagegen ein „sehr geringer" Erfolg genannt werden. Vergleicht man sämtliche Dressuren von *Porcellio* miteinander, so stellt sich heraus, daß die Seitendressuren erfolgreicher als die Aufwärts- bzw. Abwärtsdressuren waren. Bei den letzteren fehlten die guten Erfolge völlig und bei den Abwärtsdressuren auch die mäßigen Erfolge, während sehr

Tabelle 22. *Porcellio*. Verlauf der 1. Abwärtsdressur von T_1.

Lauf-Nr.	Laufgruppe																															Erfolge
	1	2	3	4	5	6	7	8	9	10	11	12	13	14	15	16	17	18	19	20	21	22	23	24	25	26	27	28	29	30	31	
1	••	••	••	••			••		••	••	••		••	••	••	••	••	••	••	■	••	••	••	••	••	••	••	••	••	••	••	0
2	••	••	••	••	••	••	••	••	••	••	••	■	••	••	••	••	••	••	••	=	••	••	••	••	••	••	••	••	=	••	••	2
3	••	••	••		••	■	••	••	••	••	••	=	••	••	••	••	••	••	••	••	••	••	••	••	••	••	••	••	••	••	••	0
4	••	••	••		••	=	••	••	••	••	••	=	••	••	••	••	••	••	••	••	••	••	••	••	••	••	••	••	=	••	••	2
5			••	=	••	••	••	••	••	••	••	••	••	••	••	••	••	••	••	••	■	••	••	••	■	••	=	••	••	••	••	1
6	••	=	••	=	••	••	••	••	••	••	••	••	••	••	••	••	••	••	••	=	=	••	••	••	••	••	••	••	••	••	E	3
7	••	■	••	••	••	••	••	••	••	••	••	••	••	••	••	••	••	••	••	••	••	••	••	••	••	••	••	••	••	••		1
8	••	••	••	••	••	••	••	••	••	••	=	••	••	••	••	••	••	••	=	••	••	••	••	••	••	••	■	••	••	••		2
9	••	••	••	••	••	••	••	••	••	••	=	••	••	••	••	••	••	••	••	••	••	••	••	••	••	••	••	••	••	••		1
10	••	••	••	••	••	••	=	••	••	••	••	••	••	••	••	••	••	••	••	••	••	••	••	••	••	••	••	••	••	••		1
Erfolge	0	2	0	2	0	2	1	0	0	0	2	3	0	0	0	0	0	0	1	3	2	0	0	0	1	0	2	0	2	0	0	

Leeres Feld: Abwendungen vom oberen Kanal infolge Strafreiz.
•• Läufe in den unteren Kanal ohne Strafreiz und ohne deutliche Suchbewegungen.
= Läufe in den unteren Kanal ohne Strafreiz nach vorausgegangenen Suchbewegungen der Antennen.
■ Spontane Abwendungen vom oberen Kanal nach vorherigem Aufwärtsrichten des Körpers und nach Suchbewegungen der Antennen.
E Ende der Dressur.
| weitere Läufe fanden nicht statt.

Tabelle 23. Ergebnis der gelungenen Abwärtsdressuren von *Porcellio*.

Tier	Tendenz	Dressur	Gesamtzahl der Dressurläufe	% der Dressurerfolge	Durchschnittswert	Erfolg
1		1 2 3	304 310 310	7,6 10 8,4		
3		1 2	280 280	6,1 7,8		
7	schwach	2 3	300 300	8,6 6,3	7,9	gering
9		1	325	9,8		
10		1 3	290 290	8,3 6,9		
3		3	345	4,3		
4		1 3	330 330	2,4 3		
9	mittel-	2 3	335 330	5,1	3,5	sehr
16	stark	1 2 3	320 320 320	3,1 2,5 2,2		gering
19		3	311	3,9		
20		1	286	5,2		

geringe Erfolge bei den Seitendressuren überhaupt nicht vorhanden waren (Tabelle 24).

Meist waren es bei *Porcellio* die gleichen Tiere, welche die verschiedenen Assoziationen auszubilden vermochten. Fehlte bei diesen Tieren während der einen oder anderen Dressurart ein Erfolg, so war dies auf das Vorherrschen einer allzu starken Tendenz zurückzuführen. Für 5 Tiere (nämlich T_2, T_8, T_{12}, T_{14}, T_{17}) muß dagegen angenommen werden,

Tabelle 24. Vergleich der bei sämtlichen Dressuren von *Porcellio* gewonnenen Durchschnittswerte.

Erfolg	Linksdressur	Rechtsdressur	Aufwärtsdressur	Abwärtsdressur
Gut	29,63	28,75	fehlt	fehlt
Mäßig	19,37	18,06	17,54	fehlt
Gering	13,17	9,78	9,86	7,9
Sehr gering	fehlt	fehlt	4,23	3,5

daß ihnen ein Lernvermögen abging; denn bei ihnen waren weder die Seitendressuren noch die Aufwärts- bzw. Abwärtsdressuren erfolgreich.

Die Beziehung zwischen Erfolg und Tendenz ließ sich in allen Dressuren nachweisen. Je größer der Erfolg war, eine um so schwächere Tendenz wirkte diesem entgegen, oder die betreffende Tendenz fehlte überhaupt. Andererseits aber war nur ein geringer oder überhaupt kein Erfolg zu erzielen, wenn die in Frage kommende Tendenz eine gewisse Stärke besaß. Das Gelingen oder Mißlingen einer Dressur ist also vom Ausbildungsgrad einer primär gegebenen Tendenz abhängig.

Zusammenfassung.

Sowohl bei *Asellus aquaticus* wie bei *Porcellio scaber* konnte die Bildung von Assoziationen nachgewiesen werden. Bei der letztgenannten Art kamen die Assoziationen rascher zustande als bei der ersteren. Bei beiden Tierarten waren die Ergebnisse der Versuche abhängig von dem Vorhandensein oder Fehlen primär gegebener Tendenzen; diese konnten je nach ihrer Stärke das Dressurergebnis mehr oder weniger beeinträchtigen oder vereiteln.

Asellus ließ sich im horizontal gelagerten T-förmigen Wahlapparat auf die Wahl des rechten oder linken Seitenschenkels dressieren.

Untergrunddressuren ließen sich mit *Asellus* ebenfalls erfolgreich durchführen. Hier standen jeweils zwei verschiedene Untergründe zur Wahl, von denen der eine durch das Tier zu vermeiden war. Nur jene Untergrunddressuren mißlangen stets, bei denen eine zu starke Tendenz für Rauh vorlag (1. Kombination) oder bei denen der Unterschied der betreffenden beiden Untergrundformen zu gering war (6. und 7. Kombination).

Auch *Porcellio* vermochte Unterscheidungen zwischen zwei zur Wahl gebotenen Laufwegen vorzunehmen. Hier handelte es sich bei den einen Versuchen um einen rechten und linken Laufschenkel, bei den anderen Versuchen um einen oberen und unteren Laufkanal.

Literatur.

Diebschlag, E.: Zur Kenntnis der Großhirnfunktion einiger Urodelen und Anuren. Z. vergl. Physiol. **21** (1934). — Ganzheitliches Verhalten und Lernen bei Echinodermen. Z. vergl. Physiol. **25** (1938). — **Dilk, F.:** Ausbildung von Assoziationen bei *Planaria gonocephala*. Z. vergl. Physiol. **25** (1938). — **Hempelmann, F.:** Tierpsychologie. Leipzig 1926. — **Kaulbersz, G., v.:** Biologische Beobachtungen an *Asellus aquaticus*. Zool. Jb. **33** (1913). — **Scharmer, J.:** Die Bedeutung der Rechts-Links-Struktur und die Orientierung bei *Lithobius forficatus*. Zool. Jb. **54** (1934/35). — **Sgonina, K.:** Vergleichende Untersuchungen über die Sensibilisierung und den bedingten Reflex. Z. Tierpsychol. **3** (1939).

Lebenslauf

Am 13. August 1915 wurde ich in Markdorf (Kreis Ratibor) geboren. Ich besitze die deutsche Staatsangehörigkeit und bin katholicher Konfession. Zuerst besuchte ich die Volkschule meines Heimatortes, dann das Oberlyceum reformreal-gymnasialer Richtung in Ratibor und bestand dort Ostern 1934 die Reifeprüfung. Vom Sommersemester 1935 bis Sommersemester 1936 war ich an der Universität Breslau immatrikuliert und setzte mein Studium im Wintersemester 1936/37 in Marburg fort. Hier legte ich im Juli 1940 das Staatsexamen in den Fächern Biologie, Leibeserziehung und Geographie ab.

Meine akademischen Lehrer waren die Herrn Professoren und **Dozenten:**

in B r e s l a u : Buder, Goetsch, Pax, Winkler.

in M a r b u r g : Alverdes, Claussen, Döpp, Jaeck, Kanter, Möckelmann, Wedekind.

MIX
Papier aus verantwortungsvollen Quellen
Paper from responsible sources
FSC® C105338

If you have any concerns about our products,
you can contact us on
ProductSafety@springernature.com

In case Publisher is established outside the EU,
the EU authorized representative is:
**Springer Nature Customer Service Center GmbH
Europaplatz 3, 69115 Heidelberg, Germany**

Printed by Libri Plureos GmbH
in Hamburg, Germany